# 能源与环境工程
# 实验教程

杨丽　廖传华　许辉　主编

Experiments of Energy
and Environmental Engineering

化学工业出版社

·北京·

# 内 容 简 介

本书分别对实验设计、实验数据处理与分析、实验设备与仪器的选用、有机固废的理化性能测定及能源化利用技术、有机废水的理化性质测定及能源化利用技术、有机废气的理化性质测定及污染物的脱除技术进行了详细介绍。主要内容包括：实验的基本程序及其重要性、实验设计的方法、实验数据处理与分析的方法、实验所需的主要设备与仪器、有机固废和有机废水的理化性质测定及能源化利用技术、有机废气的理化性质测定及污染物脱除技术。

本书针对能源开发利用中产生的环境问题和环境保护过程中的能源化利用问题设计了 32 个实验，其中有机固废的理化性质测定及能源化利用包括 13 个实验，有机废水的理化性质测定及能源化利用包括 10 个实验，有机废气的理化性质测定与污染物脱除包括 9 个实验。

本书可作为能源与环境系统工程、能源与环境工程、碳中和科学与工程等新工科专业师生的教材，也可供能源与动力工程、新能源、环境工程、资源科学与工程等相关专业的师生及相关行业从事化验与分析工作的技术人员参考使用。

**图书在版编目（CIP）数据**

能源与环境工程实验教程/杨丽，廖传华，许辉主
编. —北京：化学工业出版社，2022.6
  ISBN 978-7-122-40673-6

Ⅰ.①能…　Ⅱ.①杨…②廖…③许…　Ⅲ.①能源–
实验–教材②环境工程–实验–教材　Ⅳ.①TK-33
②X5-33

中国版本图书馆 CIP 数据核字（2022）第 023014 号

责任编辑：卢萌萌　仇志刚　　　　　　　　　　　文字编辑：张凯扬　王云霞
责任校对：田睿涵　　　　　　　　　　　　　　　装帧设计：史利平

出版发行：化学工业出版社（北京市东城区青年湖南街 13 号　邮政编码 100011）
印　　装：北京虎彩文化传播有限公司
787mm×1092mm　1/16　印张 12¼　字数 290 千字　2023 年 1 月北京第 1 版第 1 次印刷

购书咨询：010-64518888　　　　　　　　　　　售后服务：010-64518899
网　　址：http://www.cip.com.cn
凡购买本书，如有缺损质量问题，本社销售中心负责调换。

定　　价：58.00 元

# 前言

实践和实验是人类认识自然的必由之路。当前，实验已成为一种常用的科学研究手段，用于寻找研究对象的变化规律，并通过对规律的研究达到各种实践应用目的，如找出影响实验结果的主要因素及确定因素的主次顺序，遴选出好的工艺条件或配方，或是提高产品的性能和质量，并兼具提高效率、降低消耗、节省费用等效果；也可以是建立所研究对象的理论基础和经验公式，来解决工程实际中的各种问题等。

随着国民经济的飞速发展和人民生活水平的提高，人们对能源的需求量越来越大，但能源与环境是一个矛盾共同体，能源的大量开发与应用引发了一系列的环境问题。在当今和今后相当长的一段时间内，开发清洁能源、加强环境保护是我国的基本国策。为顺应时代发展的需要，有力推动"双碳"行动进程，以能源与环境工程为代表的新工科专业应运而生，其致力于培养具有交叉学科知识结构、满足"双碳"工程技术需求的高素质复合型人才，从而助力我国能源与环境的发展。

能源与环境工程专业本科生的专业培养，应面向解决能源开发利用中产生的环境污染问题和环境废弃物的能源化利用问题，增强学生解决复杂能源环境工程问题的综合能力，促进其创新实践能力的训练与提升。因此，在学习专业理论课程的同时，必须加强相关实验技能的培养。为此，我们组织编写了这本《能源与环境工程实验教程》。

本书分别对实验设计、实验数据处理与分析、实验设备与仪器、有机固废的理化性质分析与能源化利用技术、有机废水的理化性质分析与能源化利用技术、有机废气的理化性质分析及污染物的脱除技术进行了详细介绍。全书共分 7 章，设计了 32 个实验。第 1 章介绍了实验的基本程序及其重要性；第 2 章介绍了实验设计的方法；第 3 章介绍了实验数据处理与分析的方法；第 4 章介绍了能源与环境工程相关实验所需的主要设备与仪器；第 5 章介绍了有机固废的理化性质测定及能源化利用技术，包括 13 个实验；第 6 章介绍了有机废水的理化性质测定及能源化利用技术，包括 10 个实验；第 7 章介绍了有机废气的理化性质测定及污染物的脱除技术，包括 9 个实验。

全书由南京工业大学杨丽、廖传华、许辉主编，其中第 1 章由廖传华和许辉共同编写，第 2、第 3、第 6、第 7 章由杨丽编写，第 4、第 5 章由廖传华编写，焦勇与贾冬彦承担了格式编辑、文字输入、绘图及插图制作工作，许辉和闫景春参加了校稿工作。全书由廖传华统稿。本书的出版获得"国家级一流本科专业建设项目"与"国家重点研发计划（2018YFB1502903）"资助。

本书虽经多次修改，但由于能源与环境工程涉及的知识面广，而笔者水平有限，不妥及疏漏之处在所难免，敬请广大师生不吝赐教，笔者将不胜感激。

# 目录

**第 3 章**

——

**实验数据处理与分析**

——

21

**第 6 章**

——

**有机废水的能源化
实验**

——

110

**第 7 章**

——

**有机废气中污染物的
净化实验**

——

142

# 第1章
# 绪 论

纵观人类的科技发展史，可以发现，人类认识自然的过程无一不是通过实践和实验。在远古人类的日常劳作中，通过大量的实验发现使用石头可以大大提高劳动生产效率，从而促使人类大步迈入旧石器时代；在对多种物质进行对比的基础上发现了钻燧取火，大幅提升了人类的生活质量，延长了人的寿命。因此，实验是认识客观事物本质规律的必由之路。

当前，实验已成为一种常用的科学研究手段，用于寻找研究对象的变化规律，并通过对规律的研究达到各种实用目的，如找出影响实验结果的主要因素及排出因素的主次顺序，选择出好的工艺条件或配方，或是提高产品的性能和质量，且达到提高效率、降低消耗、节省费用等效果；也可以是建立所研究对象的理论基础和经验公式，来解决工程实际中的各种问题等。

随着国民经济的飞速发展和人民生活水平的提高，人们对能源的需求量越来越大，但能源开发利用与生态环境是一个矛盾的共同体，在能源开发利用过程中不可避免地会对环境造成破坏。为积极应对气候变化、实施可持续发展战略，我国政府向世界郑重承诺：力争于2030年前实现碳达峰、2060年前实现碳中和。为推动"双碳"行动进程，国内有关高校近年来相继开设了能源与环境系统工程、能源与环境工程、碳中和科学与工程等新工科专业，目标与任务是培养具有交叉学科知识结构、能满足"双碳"要求的高素质复合型人才。这些新工科专业都是集能源化工、环境工程和系统工程三大学科的复合型专业，以能源开发与环境保护交叉学科为特色，旨在为国民经济的可持续发展和"双碳"目标的实现培养高素质复合型人才。专业实验课程是工科本科生培养学生工程实践能力和创新能力必不可少的重要环节，而且常设定为大学生创新创业实践课程。

能源与环境工程专业的学习目标是了解能源开发利用中产生的环境问题和环境保护过程中的能源化利用问题，其本身就不是一个纯理论性学科，因而实验技术更为重要。然而，要想实验取得预期的效果，必须对实验进行正确设计、对所需实验仪器仪表的性能充分了解、对实验数据进行合理的处理与分析，因此，如何合理地设计实验方案，实验后又如何对实验结果进行综合的科学分析，是指导实验研究并顺利实现科研工作的基础与前提。在学习能源与环境工程有关专业课程的同时，必须加强《能源与环境工程实验教程》的学习，强化培养未来新工科专业交叉人才、能源环境工程师的重要实践教学环节，注重提升独立解决工程实践问题的能力。

# 1.1 实验设计

实验是一种人为的特殊形式的科学实践，只有合理地设计实验方案，才能用较少的实验次数，在较短时间内达到预期的实验目标，从而节省时间降低成本；反之，实验方案设计不合理，往往会导致实验次数较多，且摸索不到其中的变化规律，得不到满意的结论。

实验设计一般包括以下几个步骤：

① 弄清实验目的。实验前要完全清楚开展实验的目的及相关实验原理，才能更好地指导实验、进行实验并得到满意的结果。例如，在研究有机废水的能源化利用技术时，在搞清楚有机废水能源化利用的原理及实验目的后，就可以通过相关的热化学转化实验，分析各技术存在的优缺点，从而取得最优的技术方案。

② 参阅文献资料。了解当前的技术发展情况，掌握其研究现状，聚焦技术热点。

③ 优化实验方案。如何以最小代价迅速圆满地得到正确的实验结论，关键在于实验方案的设计。所以在掌握实验原理和实验目的之后，要利用所学实验设计的知识及相关的专业知识进行实验方案设计，从而正确地安排实验内容，指导实验。

④ 设计记录表格。实验前应认真设计出各种测试所需的记录表格。对于某些新开实验，应根据实验过程中发现的问题，随时进行修改、调整。要求记录表格正规化，便于记录和整理。记录表格的内容包括：实验人员，测试条件，仪器设备的名称、型号、精度，实验现象，测试原始数据等。

# 1.2 实验准备

实验方案设计完成后，就可开始着手相关准备工作，为实验的进行创造物质条件。一般地，实验的准备工作包括条件的准备和人员的准备，其中条件的准备主要为仪器设备的准备。

① 一般仪器、设备的准备。为了保证实验过程的顺利进行并有足够的精度，对所使用的仪器、设备要求做到：事先熟悉其功能、性能、使用条件，并正确地选择仪器的精度；检查设备、仪器的完好度；记录各种必要的尺寸、数据；确保某些易损易耗仪表、设备要有备用品。

② 专用实验设备的准备。当进行某项实验需要选用专用设备时，必须注意这些设备的可靠性、使用条件和性能。当某些专用设备和某种工艺流程所需各种构筑物需自己设计加工时，除从理论上要符合相关要求外，还要考虑到实验条件与今后生产运行条件的一致性，以使实验成果具有良好的实用价值。

③ 仪器设备的安装与调试。各种仪器设备准备就绪后，还必须经过安装与调试后考察其是否满足正常运行要求，只有确认一切符合要求后方能开始实验，否则事倍功半，严重的

会导致实验失败。一般要注意，仪器设备的安装位置应便于观察、读数和记录。对于自行设计加工的专用设备，一般要先经清水或空气调试修改至正常运行为止。条件允许时，最好通过试验以达到对整个实验的了解并检查全部准备工作。

④ 测试步骤与人员分工。如果实验分几步或几个工况完成，则每一步或每一工况操作的内容、解决的问题、使用的设备或仪器、取样与化验项目、观察与记录内容等，都要做到心中有数。对于需多人共同操作完成的实验，必须事先做好分工。

# 1.3 实验过程

各项准备工作结束后，即可开始实验过程，按设计的实验方案进行人员分工，分别完成各项工作。

## （1）取样与分析

取样一定要注意要求，如时间、地点、高度等，以便能正确取出所需的样品，提供分析。样品分析一般参照相关分析要求进行。

## （2）观察

实验中某些现象只能通过肉眼观察并加以描述，因此要求观察时一定要集中精力，排除外界干扰，边观察边记录，用图表和文字加工描述。

## （3）记录

记录是实验中一项经常性的工作，记录的数据是今后整个实验计算、分析的依据，是整个实验的宝贵资料，一般要求：

① 记录要记在记录纸或记录本上，不得随便乱记，更不得记后再整理抄写而丢掉原始记录。记录改动不得乱涂，而应打叉后重写，以便今后分析时参考。

② 记录就是如实地记下测试中所需的各种数据，要求清楚、工整。

③ 记录的内容要尽可能地详尽。一般分为：一般性内容（如实验日期、时间、地点、气象条件等）、与实验有关的内容（实验组号，参加人员，实验条件，测试仪表名称、型号、精度等）、实验原始数据（由仪表或其他测试方法所得，未经任何运算的数值。读出后马上记录，不要过后追记，尽可能减少差错）。实验中所发现的问题及观测到的一些现象或某些特殊现象等，也应随时详细记录。

记录是实验最重要的一环，记录时不要怕多，不能嫌烦。由于实验开始前往往可能会因对规律认识不透彻，导致内容考虑不周，记录数据不全或不够，而在实验后进行分析计算时缺少依据甚至无从下手，严重时需要重新实验，造成人力物力的浪费。

# 1.4 实验数据的分析处理

随着实验的进行，必然会得到以实验指标形式表示的一些实验结果，只有对实验结果进行科学地分析，才能获得研究对象的变化规律，达到指导科研和生产的目的。实验数据的分析处理往往贯穿整个实验过程。

实验过程中应随时进行数据整理分析，一方面可以看出实验效果是否能达到预期目的；另一方面可以随时发现问题，修改实验方案，指导下一步实验的进行。整个实验结束后，要对数据进行分析处理，从而确定因素主次，给出最佳生产运行条件，建立经验式，给出事物内在规律等。

实验数据分析处理的内容大体包括实验数据的误差分析、实验数据的整理、实验数据的处理。

在完成数据的分析与处理后，还需针对实验过程进行全面总结，撰写实验报告，其内容一般包括：a.实验名称；b.实验目的；c.实验原理；d.实验装置、仪器和设备；e.实验数据及分析处理；f.结论；g.存在的问题及讨论。实验报告要求语句通畅，字迹工整，图表清晰，层次分明，结果正确，讨论认真。

# 1.5 能源与环境工程专业实验的教学目的与任务

结合能源与环境工程专业的培养目标和教学大纲，实验课的教学目的与任务是：

① 通过对实验的观察、分析，加深对有机废弃物能源化处理与利用过程中基本概念、现象、规律与基本原理的理解；

② 掌握有机废弃物成分分析及净化与能源化利用的实验技能、相关实验仪器和设备的使用方法，具有一定的解决实验技术问题的能力；

③ 学会设计实验方案和组织实验的方法；

④ 学会对实验数据进行测定、分析与处理，从而得出切合实际的结论；

⑤ 培养实事求是的科研态度和工作作风。

# 第2章
# 实验设计

实验设计（experimental design）是以科学理论（如概率论与数理统计）为基础，并结合专业知识和实践经验，合理地制订实验方案和科学地分析实验结果的一种科学实验方法。实验设计一方面可以减少实验过程的盲目性，使实验过程更有计划；另一方面还可以用最少的实验次数来获得最多的实验信息，达到预期的实验目标。由于实验设计方法为我们提供了合理安排实验和科学分析实验结果的方法，因此实验设计越来越被工程专业科技人员重视，并得到了广泛的应用。实验设计主要包括三个组成部分：

① 确定（设计）实验方案。

② 实施实验，搜集与整理实验数据。

③ 对实验数据进行直观分析或数理统计分析。

## 2.1 实验设计的基本概念与方法

一个科学、正确的实验设计可以最大限度地节约实验成本、缩短实验周期，同时又能迅速获得确切的科学结论。

### 2.1.1 实验设计的基本概念

实验设计中常用到一些基本概念，其定义如下。

**（1）实验指标**

在一项实验中，根据实验目的而选定用来衡量实验效果的标准称为实验指标（experimental index），有时简称指标，常用来表示实验结果，通常用 $y$ 表示。它类似于数学中的因变量或目标函数。

实验指标有定量指标和定性指标两种。定量指标是直接用数量表示的指标，如耗氧速率、污水充氧修正系数 $a$ 值、pH 值等；定性指标是不能直接用数量表示的指标，如颜色、气味、口味等表示实验结果的指标，只能凭视觉、嗅觉、味觉等方法来评定，用等级评分等方法来表示。

**（2）实验因素**

在一项实验中，对实验指标产生影响的条件称为实验因素（experimental factor），简称因素，类似于数学中的自变量。

实验因素也分为两类，其中一类是在实验中可以人为加以调节和控制的，称为可控因素；另一类是由于自然条件和设备等条件的限制，暂时还不能人为调节的，称做不可控因素。实验设计中一般只考虑可控因素。

**（3）实验水平**

在一项实验中，为了考察实验因素对实验指标的影响情况，通常使实验因素处于不同的状态，一般把这种表示实验因素变化的各种状态称为实验水平（experimental level），又称为因素水平，简称水平。某个因素在实验中需要考察它的几种状态，就叫它是几水平的因素。

根据因素的水平能否用数量表示，可将因素分为定量因素与定性因素两种。能用数量表示水平的称为定量因素，不能用数量表示水平的因素叫做定性因素。在多因素实验中，经常会遇到定性因素。对定性因素，只要对每个水平规定具体含义，就可与通常的定量因素一样对待。

**（4）交互作用**

在一项实验中，有时不仅要考虑各个因素对实验指标单独起的作用，而且还要考虑各个因素之间联合、搭配起来对实验指标起的作用，这种联合搭配作用叫做交互作用（interaction）。

事实上，因素之间总是存在着或大或小的交互作用，它反映了因素之间互相促进或互相抑制的作用，这是客观存在的普遍现象。当交互作用对实验指标产生的影响较小或可不考虑时，在实验设计时可略去。

**（5）实验方法**

开展实验之前，应考虑如何安排整个实验过程：设计出实验方案，并提出实验数据的处理办法，以此为基础分析出实验因素与实验指标间的客观规律。安排做某实验整个过程的方法，就称为实验方法（experimental method）。

**（6）全面实验**

在一项实验中，为了获得全面的实验信息，应对所选取实验因素的不同水平相互之间进行组合，对每一种组合逐一实施实验，称为全面实验（complete experiment）。

全面实验的优点是能够获得全面的实验信息。但是当实验因素和水平较多时，全面实验的实验次数会急剧增加，如取 3 个因素、每个因素取 3 水平时，全面实验要进 $3^3=27$ 次；如取 5 个因素、每个因素取 4 个水平时，全面实验就要进行 $4^5=1024$ 次，这在实际实验中难以实现。因此，全面实验是有局限性的，它只适用于因素和水平数目均不太多的实验。

从全面实验中选取一部分具有代表性的实验进行实验，这就需要进行实验设计，即从全面实验中科学地抽取部分实验，制订实验方案，并科学地分析实验结果。

### 2.1.2 实验设计的方法

为了保证实验条件基本均匀一致，提高实验精度，减少实验误差，实验设计应遵循三个基本原则：重复、随机化和区组化。

① 重复原则。是指一个实验在相同条件下重复进行数次。经过重复操作有可能抵消随机因素对实验的影响，从而提高实验数据处理的质量，获得高精度的实验结论。

② 随机化原则。是指用随机抽样方法安排各实验点的实验顺序、实验材料的分配等。随机化原则可以保证每个实验条件的操作过程除了随机因素的干扰外，不会增加其他因素的影响，避免了系统误差对实验过程的影响。

③ 区组化原则。亦称为局部控制原则，把一项实验的诸多实验点分为若干小组，使每组内的实验条件相同或近似相同，而组与组之间在实验条件上允许有较大差异，这样的小组称为区组。使用区组是为了排除或减少实验条件的差异对实验结果的影响，保证统计分析结果的正确性。

在遵循上述原则的基础上，根据涉及因素的多少，实验设计一般可分为单因素实验设计、双因素实验设计和多因素正交实验设计。其中，单因素实验设计的方法包括中点法、均分法、黄金分割法、分数法和均分分批实验法，双因素实验设计的方法包括纵横中线法、好点推进法和平行线法，多因素正交实验设计的方法包括单指标正交实验设计法、多指标正交实验设计法和考虑交互作用的正交实验设计法。了解这些实验方法可帮助设计实验方案和分析实验结果。

## 2.2 单因素实验设计

单因素实验设计（single factor experiment design）是在安排实验时，只考虑一个对实验结果影响最大的因素，其他因素尽量保持不变。应用此方法，只要主要因素抓得准，也能解决很多问题。当一个主要因素确定之后，剩下的任务就是如何安排实验点，尽量减少实验次数，以求迅速地找到最佳点，使实验结果（指标）达到要求。

单因素实验设计一般要考虑三方面的内容：

#### （1）确定实验范围

设实验因素取值范围的下限用 $a$ 表示，上限用 $b$ 表示，则实验范围可用由 $a$ 到 $b$ 的线段来表示。若 $x$ 表示实验点，如果考虑端点 $a$ 和 $b$，实验范围可记成 $[a,b]$ 或 $a \leqslant x \leqslant b$；如果不考虑端点 $a$ 和 $b$，实验范围就记成 $(a,b)$ 或 $a < x < b$。

#### （2）确定评价指标

如果能将实验结果（$y$）和因素取值（$x$）的关系可写成数学表达式：$y=f(x)$，就称 $f(x)$ 为指标函数（或称目标函数）。根据具体问题的要求，在因素的最佳点上，指标函数 $f(x)$ 取最大值或最小值或满足某种规定的要求。对于不能写成指标函数甚至实验结果不能定量表示的情况，就要确定评价实验结果好坏的标准。

**（3）确定优选方法**

优选法（optimum seeking method）是根据生产和科研中不同的问题和数学原理，科学地安排实验点，用较少的实验次数，以求迅速地找到最佳点的一种科学实验方法。

单因素实验设计的方法主要有中点法、均分法、黄金分割法、分数法和均分分批实验法。

## 2.2.1 中点法

中点法，也称对分法，是指每次实验的实验点位置都取在实验范围的中点（central point）。若实验范围为[*a,b*]，计算中点 *c* 的公式为：

$$c = \frac{a+b}{2} \tag{2-1}$$

中点法的优点是每次实验后可去掉实验范围的一半，直到取得满意的实验点为止。但它只适用于每做一次实验，根据实验结果就可确定下次实验方向的情况，即按已知评定标准，在实验范围中点的两侧，就可确定出在哪一侧剩余实验范围内继续做实验。

## 2.2.2 均分法

均分法的做法：设实验范围为[*a,b*]，如果要做 *n* 次实验，就把实验范围分成 *n*+1 等份，中间有 *n* 个实验点，在各个分点上做实验，如图 2-1 所示。

$$a \quad x_1 \quad x_2 \quad x_3 \quad\quad\quad x_{n-1} \quad x_n \quad b$$

**图2-1 均分法实验点位置图**

各分点 $x_i$ 的计算公式为：

$$x_i = a + \frac{b-a}{n+1} \times i, \quad i = 1, 2, \cdots, n \tag{2-2}$$

对 *n* 次实验结果进行比较，选出所需要的最好结果，相对应的实验点即为 *n* 次实验中的最好点。

均分法的优点是只需把实验点放在等分点上，实验可以同时安排，也可以一个接一个地安排。其缺点是实验次数较多，代价较大。

## 2.2.3 黄金分割法

在科学实验中，在相当普遍的一类实验，目标函数只有一个峰值，在峰值的两侧实验效果都差，将这样的目标函数称为单峰函数。对于这种目标函数为单峰函数的情形，可采用黄金分割法（0.618 法）进行实验设计，确定实验方向。其基本步骤如下：

设实验范围为[*a,b*]，第一次实验点 $x_1$ 选在黄金分割点处，即实验范围的 0.618 位置上，如图 2-2 所示。

图2-2 在[a,b]内实验点$x_1$，$x_2$位置图

其计算公式为：

$$x_1 = a + 0.618(b-a) \quad\quad (2\text{-}3)$$

第二个实验点选在第一点$x_1$的对称点$x_2$处，即实验范围的0.382位置上，如图2-2所示。其计算公式为：

$$x_2 = a + 0.382(b-a) \quad\quad (2\text{-}4)$$

若$f(x)$在区间$[a,b]$上为单峰函数，即$f(x)$在$[a,b]$上只有一个最大点$x^*$，在最大点的左侧部分，函数图形严格上升；在最大点的右侧部分，函数图形严格下2降，如图2-3所示。

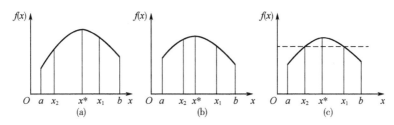

图2-3 上单峰函数图形

设$f(x_1)$和$f(x_2)$分别表示上单峰函数$f(x)$在$x_1$与$x_2$两点的实验结果，且$f(x)$值越大，效果越好。下面分三种情况进行分析：

① 如果$f(x_1)$比$f(x_2)$好，表明实验点$x_1$是好点，根据"留好去坏"的原则，去掉不包含好点$x_1$的实验范围$[a,x_2)$部分，在留下的范围$[x_2,b]$内继续做实验，如图2-3（a）所示。

② 如果$f(x_1)$比$f(x_2)$差，表明实验点$x_2$是好点，同样根据"留好去坏"的原则，去掉不包含好点$x_2$的实验范围$(x_1,b]$部分，在留下的范围$[a,x_1]$内继续做实验，如图2-3（b）所示。

③ 如果实验结果$f(x_1)$和$f(x_2)$一样，去掉两端部分，在留下的范围$[x_2,x_1]$内继续做实验，如图2-3（c）所示。

根据上单峰函数性质可以得出"留好去坏"的原则：留下包括好点的区间，去掉不包含好点的区间，函数$f(x)$最大点$x^*$一定留在包含好点的区间内，从而可以缩小函数$f(x)$最大点$x^*$的搜索区间。

上述三种情况的任一做法，都不会发生最佳点丢掉的情况。在留下的实验范围内，安排新的实验点和实验，继续将实验做下去。

① 在第一种情况下，在留下的实验范围$[x_2,b]$内求出点$x_1$的对称点$x_3$，如图2-4所示。

图2-4 在$[x_2,b]$内实验点$x_1$，$x_3$位置图

可用公式（2-3）计算出新的实验点$x_3$，即：

$$x_3 = x_2 + 0.618(b - x_2) \tag{2-5}$$

在实验点 $x_3$ 安排一次新的实验。

② 在第二种情况下,在留下的实验范围 $[a, x_1]$ 内,求出点 $x_2$ 的对称点 $x_3$,如图 2-5 所示。

图2-5　在 $[a, x_1]$ 内实验点 $x_2$, $x_3$ 位置图

可用公式(2-4)计算出新的实验点 $x_3$,即:

$$x_3 = a + 0.382(x_1 - a) \tag{2-6}$$

在实验点 $x_3$ 安排一次新的实验。

③ 在第三种情况下,在留下的实验范围 $[x_2, x_1]$ 内,求出黄金分割点 $x_3$ 和它的对称点 $x_4$,如图 2-6 所示。

图2-6　在 $[x_2, x_1]$ 内实验点 $x_3$, $x_4$ 位置图

可用公式(2-3)和公式(2-4)计算出这两个新的实验点,即:

$$\begin{aligned} x_3 &= x_2 + 0.618(x_1 - x_2) \\ x_4 &= x_2 + 0.382(x_1 - x_2) \end{aligned} \tag{2-7}$$

在实验点 $x_3$, $x_4$ 安排两次新的实验。

无论上述三种情况出现哪种,在留下的实验范围内都可找到两个实验点,从而产生两次实验结果。将这两种实验结果进行比较,再按"留好去坏"的原则去掉实验范围的一段或两段,在留下的实验范围中再找出新的实验点,继续将实验做下去。重复进行这个过程,直到找出满意的实验点,得到认可的实验结果为止。如果留下的实验范围已很小,再做下去的实验结果差别不大时,就可停止实验。

黄金分割法简便易行,对每个实验范围都安排两个实验点,比较两点实验结果,好点留下,从坏点处把实验范围切开,丢掉短而不包含好点的段,实验范围就缩小了。在实验过程中,不论到哪一步,相互比较的两个实验点都在所留下实验范围的黄金分割点和它的对称点处,即 0.618 处和 0.382 处。

### 2.2.4　分数法

分数法又叫斐波那契数列法,是利用斐波那契数列进行单因素优化实验设计的一种方法。

与 0.618 法相同,分数法同样适用于目标函数为单峰函数的情形,其不同之处在于要求预先给出实验的总次数。当实验点能取整数时,或由于某种条件限制只能做几次实验时,或由于某些原因,实验范围由一些不连续的、间隔不等的点组成或实验点只能取某些特定值时,利用分数法安排实验更为有利、方便。

对于单峰函数 $f(x)$,采用分数法安排实验点时会遇到两种类型:

**（1）第一种类型**

所有可能进行的实验总次数 $m$，正好是斐波那契数列中的某一项 $F_n-1$，即：

$$m=F_n-1 \tag{2-8}$$

这种情况称为分数法的第一种类型。此时，将实验范围$[a,b]$分成 $F_n$ 份，使中间实验点个数为 $F_n-1$，恰为所有可能的实验总次数 $m$，如图 2-7 所示。再安排两个端点，使得中间实验点与端点之和为 $F_n+1$ 个点。$a$ 点和 $b$ 点为端点。在单峰函数情况下，认为两个端点是坏点，不做实验，称为虚设点。$a$ 点为起点，编号设为 0；$b$ 点为终点，编号设为 $F_n$。

图2-7 在$[a,b]$内用分数法安排实验点位置图

第一次实验安排在 $F_{n-1}$ 点上做，得到右实验点 $x_1$；第二次实验安排在对称位置 $F_{n-2}$ 点上做，得到左实验点 $x_2$。比较第一次与第二次实验的结果，如果 $x_1$ 点好，划去 $x_2$ 点以下的实验范围；如果 $x_2$ 点好，就划去 $x_1$ 点以上的实验范围。

假设是左实验点 $x_2$ 好，划去 $x_1$ 点以上的实验范围$(x_1,b)$，留下的实验范围是$[a,x_1]$。在此实验范围内对实验点重新编号，如图 2-8 所示。

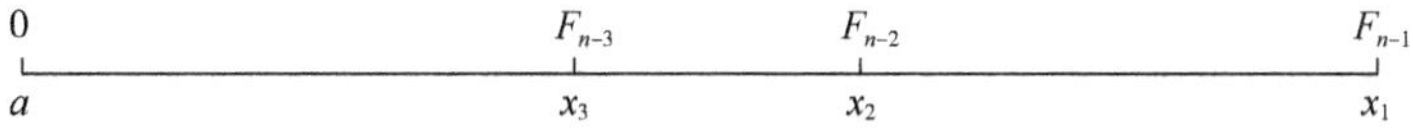

图2-8 在$[a,x_1]$内重新编号后实验点位置图

此时中间实验点个数为 $F_{n-1}-1$ 个，左端点 $a$ 仍为起点，编号为 0，右端点 $x_1$ 为终点，编号为 $F_{n-1}$，在 $F_{n-1}$ 点处；再找两个实验点，其中一个实验点是刚留下的好点 $x_2$，该点变为留下实验范围内的右实验点，编号为 $F_{n-2}$，在 $F_{n-2}$ 点处；另一个新实验点是其对称点 $x_3$，是左实验点，编号为 $F_{n-3}$，在 $F_{n-3}$ 点处。在 $x_3$ 点上做第三次实验。比较第 2 次与第 3 次实验结果，比较后，和前面的做法一样，从坏点把实验范围切开，短的一段不要，留下包含好点的长的一段，这时在留下的实验范围内，就只有 $F_{n-2}-1$ 个中间实验点了。

以后的实验，照上面的步骤重复进行，实验范围不断缩小，直到在实验范围内找到最后一个应该做的实验点。

**（2）第二种类型**

所有可能的实验总次数为 $m$，不符合第一种类型，而 $m$ 恰好在 $F_{n-1}-1$ 与 $F_n-1$ 两数值之间，即：

$$F_{n-1}-1<m<F_n-1 \tag{2-9}$$

这种情况称为分数法的第二种类型。在此条件下，可在实验范围两端虚设几个实验点，人为地使实验的总次数变成 $F_n-1$，使其符合第一种类型，然后安排实验。当实验被安排在增加的虚设点上时，不要真正做实验，而应直接判定虚设点的实验结果比其他实验点的效果都差，实验继续做下去。很明显，这种虚设点，并不增加实际实验次数。

### 2.2.5 均分分批实验法

前面讲过的中点法、0.618 法、分数法有一个共同特点，就是根据前面实验的结果安排后面的实验。这种方法叫序贯实验法，优点是总的实验次数较少，缺点是实验周期累加，可能要用很长时间。为了兼顾实验设备、代价和时间，可采用与序贯实验法相反的分批实验法，一批同时安排几个实验。

均分分批实验法是一种比较简单的分批实验法，是将每批实验点均匀地安排在实验范围内的实验方法。例如，每批做 4 个实验。第一批 4 个实验点把实验范围 $[a,b]$ 均分为 5 等份，在其分点 $x_1$，$x_2$，$x_3$，$x_4$ 处做 4 个实验。将 4 个实验结果进行比较，如果点 $x_2$ 好，留下好点及与好点相邻的左右两部分，留下的实验范围为 $[x_1,x_3]$，如图 2-9 所示。

图2-9　均分分批实验法实验点位置图

将留下的部分 $[x_1,x_3]$ 再放上第二批 4 个实验点，与刚留下的好点 $x_2$ 一起，把留下的部分均分为 6 等份，如图 2-9 所示。在未做过实验的 4 个分点上再做第二批实验，与点 $x_2$ 的实验结果一起，对 5 个实验结果进行比较，留下好点及与好点相邻的左右两部分。以后各批实验，都是第二批的重复，这样一直做下去，实验范围逐步缩小，就可以找到满意的实验点。

对于每批要做 4 个实验的情况，用均分分批实验法，第一批实验后实验点范围缩小为最初的 2/5，之后每批实验后都能缩小为前次留下的 1/3，可以很容易推导出这个结论的正确性。

# 2.3 双因素实验设计

考察两个因素影响的实验称为双因素实验（two-factor experiment）。双因素实验设计的主要方法有纵横中线法、好点推进法和平行线法。

### 2.3.1 纵横中线法

设双因素 $x$ 与 $y$ 的实验范围为长方形：

$$a \leqslant x \leqslant b, c \leqslant y \leqslant d$$

先固定因素 $x$ 在中点 $x = \dfrac{a+b}{2}$ 处。在中线 $x = \dfrac{a+b}{2}$ 上，用单因素方法对因素 $y$ 进行优选，找到最佳点为：

$$A_1 = \left( \frac{a+b}{2}, y_1 \right) \tag{2-10}$$

再固定因素 $y$ 在中点 $y=\dfrac{c+d}{2}$ 处。在中线 $y=\dfrac{c+d}{2}$ 上，用单因素方法对因素 $x$ 进行优选，找到最佳点为：

$$B_1=\left(x_1,\frac{c+d}{2}\right) \tag{2-11}$$

比较 $A_1$ 与 $B_1$ 两点上的实验结果。若 $B_1$ 比 $A_1$ 好，则去掉原长方形左边一半，即去掉 $x<\dfrac{a+b}{2}$ 部分；若 $A_1$ 比 $B_1$ 好，则去掉原长方形下边一半，即去掉 $y<\dfrac{c+d}{2}$ 部分。上面优选过程，如图 2-10(a)所示。

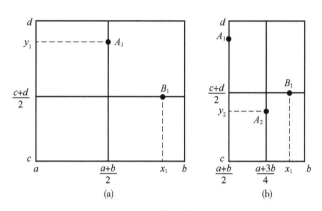

图2-10　纵横中线法图示

通过比较，现在是 $B_1$ 比 $A_1$ 好，应去掉原长方形左边一半，留下的一半实验范围为：

$$\frac{a+b}{2}\leqslant x\leqslant b, c\leqslant y\leqslant d$$

在留下的实验范围内，继续用同样方法做下去。固定因素 $x$ 在留下实验范围的中点处，即：

$$x=(\frac{a+b}{2}+b)/2=\frac{a+3b}{4} \tag{2-12}$$

在中线 $x=\dfrac{a+3b}{4}$ 上，用单因素方法对因素 $y$ 进行优选，找到最佳点为：

$$A_2=\left(\frac{a+3b}{4},y_2\right) \tag{2-13}$$

然后比较 $A_2$ 与 $B_1$ 两点上的实验结果，现在是 $A_2$ 比 $B_1$ 好，则去掉上边一半，即去掉 $y>\dfrac{c+d}{2}$ 部分，如图 2-10（b）所示，然后在留下的部分中继续优选……这个过程一直继续下去，实验范围就不断缩小，直到实验结果满意为止。

在图 2-10（a）中，如果 $A_1$ 与 $B_1$ 两点上的实验结果一样（或无法辨认好坏），可以将图 2-10（a）中下半块和左半块都去掉，留下实验范围为原来实验范围的 1/4，即 $\dfrac{a+b}{2}\leqslant x\leqslant b$，$\dfrac{c+d}{2}\leqslant y\leqslant d$ 继续用同样方法做下去。

在这个方法中，每一次单因素优选时，都是在长方形的纵或横中线（即对折线）上进行，故称为"纵横中线法"，或称为"纵横对折法"。

### 2.3.2 好点推进法

设双因素 $x$ 与 $y$ 的实验范围为长方形：

$$a \leqslant x \leqslant b, c \leqslant y \leqslant d$$

先将因素 $x$ 固定在 $x_1$ 处［例如取 $x_1 = a + 0.618(b-a)$］。在直线 $x=x_1$ 上，用单因素方法对因素 $y$ 进行优选，找到最佳点为：

$$A_1 = (x_1, y_1) \tag{2-14}$$

然后将因素 $y$ 固定在 $y_1$ 处。在直线 $y=y_1$ 上，用单因素方法对因素 $x$ 进行优选，又找到一个最佳点为：

$$A_2 = (x_2, y_1) \tag{2-15}$$

上面的优选过程如图 2-11（a）所示。

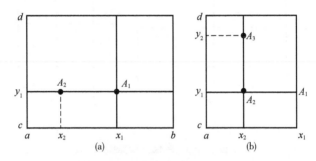

图 2-11　好点推进法图示

在图 2-11（a）上，沿直线 $x=x_1$ 将实验范围分成两部分，丢掉不包含 $A_2$ 点的那一部分，如图 2-11（b）所示，留下部分的实验范围为：

$$a \leqslant x \leqslant x_1, c \leqslant y \leqslant d$$

在留下的实验范围内，将 $x$ 固定 $x_2$ 处。在直线 $x=x_2$ 上，对因素 $y$ 进行优选，又得一个最佳点为：

$$A_3 = (x_2, y_2) \tag{2-16}$$

在图 2-11（b）上，沿直线 $y=y_1$ 将实验范围分成两部分，丢掉不包含 $A_3$ 点的那一部分，而在包含 $A_3$ 点的那一部分中继续优选……这个过程不断进行，实验范围就不断缩小，直到实验结果满意为止。

在这个方法中，后一次优选是在前一次优选得到最佳点的基础上进行，故称为"好点推进法"，或称为"从好点出发法"。在这个方法中，一般是将重要因素放在前面，往往能较快得到满意的结果。

### 2.3.3 平行线法

在实际问题中，经常会遇到两个因素中，有一个因素不容易调整，而另一个因素比较容易调整。比如一个是浓度，一个是流速，调整浓度就比调整流速困难。在这种情况下，则可采用"平行线法"安排实验。

设双因素 $x$ 与 $y$ 的实验范围为长方形：
$$a \leqslant x \leqslant b, c \leqslant y \leqslant d$$

又设 $y$ 为较难调整的因素，首先将 $y$ 固定在它的实验范围的 0.618 处，即取：
$$y_1 = c + 0.618(d-c) \tag{2-17}$$

在直线 $y=y_1$ 上，对因素 $x$ 进行单因素优选，取得最佳点 $A_1=(x,y)$。再把 $y$ 固定在 0.618 的对称点 0.382 处，即：
$$y_2 = c + 0.382(d-c) \tag{2-18}$$

在直线 $y=y_2$ 上，对因素 $x$ 进行单因素优选，取得最佳点 $A_2=(x_2,y_2)$。比较 $A_1$ 与 $A_2$ 两点的实验结果。若 $A_1$ 比 $A_2$ 好，则去掉下面部分，即去掉 $y<c+0.382(d-c)$ 的部分；若 $A_2$ 比 $A_1$ 好，则去掉上面部分，即去掉 $y>c+0.618(d-c)$ 的部分。上面的优选过程，如图 2-12（a）所示。

通过比较，现在是 $A_2$ 比 $A_1$ 好，应去掉原长方形的上面部分，留下的实验范围为：
$$a \leqslant x \leqslant b, c \leqslant y \leqslant [c+0.618(d-c)]$$

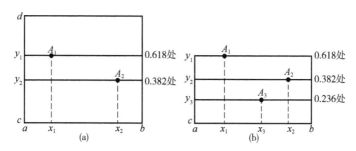

图2-12 平行线法图示

再用同样的方法处理留下的实验范围，把 $y$ 固定在 $y_2$ 的对称点 $y_3$ 处，应用对称公式（2-4），可得：
$$y_3 = c + (y_1 - y_2) = c + 0.236(d-c) \tag{2-19}$$

在直线 $y=y_3$ 上，对因素 $x$ 进行单因素优选……如图 2-12（b）所示，如此继续，则实验范围不断缩小，直到实验结果满意为止。

此方法始终是在一系列相互平行的直线上进行，故称平行线法。注意，根据实际情况，因素 $y$ 的取点也可以固定在实验范围其他合适的地方。

# 2.4 多因素实验设计

在科学实验中往往需要考虑多个因素，而每个因素又要考虑多个水平，这样的实验问题称为多因素实验。多因素实验，如果对每个因素的每个水平都相互搭配进行全面实验，实验次数就相当多。如某个实验考察 5 个因素，每个因素 4 个水平，全面实验次数为 $4^5=1024$ 次实验。要做这么多实验，既费时又费力，而有时甚至是不可能的。由此可见，多因素的实验存在两个突出的问题：

①　全面实验的次数与实际可行的实验次数之间存在的问题；

②　实际所做的少数实验与全面掌握内在规律的要求之间存在的问题。

为解决第一个问题，就需要我们对实验进行合理的安排，做几个具有代表性的实验；为解决第二个问题，需要我们对所做的几个实验的实验结果进行科学的分析。那么，如何合理安排多因素实验，如何对多因素实验结果进行科学的分析，就是我们需要解决的问题。正交实验设计（orthogonal experiment design）是利用正交表来安排多因素实验，并可根据实验结果分析因素主次顺序和好的工艺条件或配方。因此，正交实验设计在各个领域得到了广泛应用。

## 2.4.1　单指标正交实验设计

正交表（orthogonal table）是正交实验设计法中安排实验和分析实验结果的一种特殊表格，一般记为 $L_n(b^m)$，其中，$L$ 表示正交表，下标 $n$ 表示正交表中横行数（以后简称为行），即要做的实验次数；指数 $m$ 表示表中直列数（以后简称列），即最多允许安排的因素个数；底数 $b$ 表示表中每列出现不同数字的个数，或因素的水平数，不同的数字表示因素的不同水平。

正交表的特点是：表中每列中不同的数字出现的次数相等。每一列不同的数字只有两个，即 1 和 2，它们各出现两次。表中任意两列，将同一横行的两个数字看成有序数对（即左边的数放在前，右边的数放在后，按这一次序排出的数对）时，每种数对出现的次数相等。各列中水平数相等的正交表属于等水平正交表，各列中水平数不完全相等的正交表称混合水平正交表。

对于三因素两水平的实验，各因素分别用大写字母 $A$、$B$、$C$ 表示，各因素的水平分别用 $A_1$、$A_2$、$B_1$、$B_2$、$C_1$、$C_2$ 表示。这样，实验点就可用因素的水平组合表示，如 $A_1B_1C_1$ 表示一个实验点。

全面实验就是对每个因素的每个水平都相互搭配，所有组合都做实验，三因素两水平的实验，共需做 $2^3=8$ 次，这 8 次实验分别是：$A_1B_1C_1$、$A_1B_1C_2$、$A_1B_2C_1$、$A_1B_2C_2$、$A_2B_1C_1$、$A_2B_1C_2$、$A_2B_2C_1$、$A_2B_2C_2$，将它们表示在图 2-13 中正六面体的 8 个顶点处，每个顶点表示 1 次实验。可以看出，这种设计方案的优点是实验点分布均匀性极好，各因素和各水平的搭配十分全面，能够获得全面的实验信息，通过比较可以找出一个好的水平组合，得到的结论也比较准确。缺点是所有的搭配组合都做实验，实验次数较多。

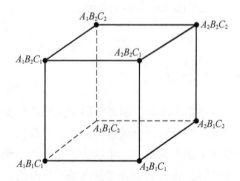

图2-13　全面实验的全部实验点分布示意图

简单比较法是一种把多因素的实验问题化为单因素实验的处理方法，即每次变化一个因素的水平，而固定其他因素在某水平上进行实验，从而减少实验次数。对于前述的三因素 $A$、$B$、$C$，采用简单比较法可得到四个实验点：$A_1B_1C_1$、$A_2B_1C_1$、$A_1B_2C_1$、$A_1B_2C_2$，它们在正六面体的顶点处所占的位置，如图 2-14 所示。可以看出，这 4 个实验点在正六面体上分布很不均匀，有的平面上有 3 个实验点，有的平面上仅有 1 个实验点，因而代表性较差，反映出的信息不全面，得到的结论从整体上不一定准确。另外这种方法只是实验数据之间进行数值上的简单比较，不能排除必然存在的实验数据误差的干扰。

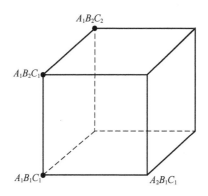

图2-14　简单比较法实验点不均匀分布示意图

正交实验设计是依照正交表来安排实验，通过表 2-1 所示的正交表，因素 $A$、$B$、$C$ 分别排在表的 1、2、3 列上，把列中的数字依次与因素的各水平建立对应关系，利用正交表 $L_4(2^3)$ 即可安排 4 次实验：$A_1B_1C_1$、$A_1B_2C_2$、$A_2B_1C_2$、$A_2B_2C_1$，它们在正六面体的顶点处所占的位置，如图 2-15 所示。可以看出，正六面体的任何一面上都取了两个实验点，这样分布

表2-1　$L_4(2^3)$正交表

| 实验号 | 列号 | 实验号 | 列号 |
|---|---|---|---|
|  | 1 |  | 1 |
| 1 | 1 | 1 | 1 |
| 2 | 1 | 2 | 1 |
| 3 | 2 | 3 | 2 |
| 4 | 2 | 4 | 2 |

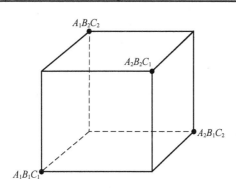

图2-15　正交实验法实验点均匀分布示意图

就很均匀，因而代表性较好，能较全面地反映各种信息。分析正交实验得到的实验结果，可选出一个好的水平组合，它是应用统计分析的结果，所得结论的可靠性肯定会远远好于简单比较法，且实验总次数还较少。

由此可见，正交实验设计的方案是比较好的方法，它兼有第一种和第二种实验设计方法的优点，因而得到了广泛的应用。

单指标正交实验设计的基本步骤为：

**（1）明确实验目的，确定评价指标**

明确实验目的，就是明确所做实验要解决什么问题。针对所要解决的问题，确定相应的评价指标，即用来衡量实验效果所采用的标准。评价指标有定量指标和定性指标两种。在正交实验设计方法中，为了便于分析实验结果，凡遇到定性指标总是把它量化加以处理。

**（2）挑选因素，确定因素水平**

影响实验结果的因素很多，由于条件限制，不可能全面考察，可根据实验目的和实际情况，挑选一些主要因素，略去一些次要因素。

因素的水平分为定性与定量两种。定性水平的确定，只要对每个水平规定具体含义，最后列出因素水平表。定量水平的确定包括两个含义，即水平个数的确定和各水平的取值。各水平取值应适当拉开，以利于对实验结果的分析。

**（3）选择合适的正交表，进行表头设计并建立水平对应关系**

根据因素数和水平数来选择合适的正交表。一般要求，因素数≤正交表列数；因素水平数与正交表对应的水平数一致，在满足上述条件的前提下，可选择较小的表。如果要求精度高，并且实验条件允许，可选择较大的表，实验次数相应就要增加。若各实验因素的水平数不相等，一般应选用相应的混合水平正交表；若考虑实验因素间的交互作用，应根据实验因素的多少和要考察因素间交互作用的多少来选用合适的正交表。

选好正交表后，将因素分别排在正交表的列中，这称为表头设计。哪个因素排在哪一列上，有时是可以任意的。当考虑交互作用时，因素在表头上的排列要遵照一定规则。

**（4）明确实验方案，进行实验，得到实验结果**

根据表头设计和建立的水平对应关系，确定每号实验的方案，即各因素的水平组合，即可进行实验。实验中，要严格操作，并记录实验数据，分析整理出每组条件下的评价指标值，得到以实验指标形式表示的实验结果。

**（5）对实验结果进行分析，得出结论**

## 2.4.2 多指标正交实验设计

在科研生产中，需要考察的评价指标往往不止一个，有时是两个、三个，甚至更多，这就是多指标的实验问题。多指标的实验结果分析比单指标要复杂，分析时必须统筹兼顾，寻找使各项指标都尽可能好的因素水平组合或工艺条件。常用方法有综合平衡法和综合评分法。

### （1）综合平衡法

综合平衡法是先对每个单项指标分别进行直观分析，得到每个单项指标的影响因素主次顺序和好的水平组合，然后根据理论知识和实践经验，把各单项指标的分析结果进行综合平衡，排出兼顾多项指标的因素主次顺序，并选出兼顾多项指标的各因素较好的水平组合，得出较好的实验方案。

综合平衡法的一般原则：当各单项指标的重要性不一样时，实验的因素主次顺序和选取水平应保证重要指标；当各单项指标的重要性相仿时，实验的因素主次顺序和选取水平应优先照顾主要因素或多数的倾向。

### （2）综合评分法

综合评分法是将多指标的问题通过适当的评分方法，给每号实验评出一个分数作为该号实验的总指标，然后根据这个分数（总指标），利用单指标实验结果的直观分析法做进一步分析，确定出兼顾多项指标的因素主次顺序和各因素较好的水平组合，得出较好的实验方案。显然，这个方法的关键是如何评出每一号实验的分数。常用的评分方法有两种。

第一种评分方法：对每一号实验的各单项指标结果统一权衡，综合评价，直接评出每一号实验的一个综合分数。最好的可给 100 分，依次逐个减少，减少多少分大体上与它们的效果的差距相对应。这种评分方法的可靠性主要取决于评出每一号实验综合分数的合理性，特别是包含很难量化的定性指标，它的解决在很大程度取决于实验者的理论知识和实践经验。

第二种评分方法：第一步，对每一号实验的每个单项指标结果按一定的评分标准评出分数；第二步，若各单项指标的重要性是一样的，可以将同一号实验中各单项指标评出的分数的总和作为该号实验的总分数，若各单项指标的重要性不相同，要先确定出各单项指标相对重要性的权重 $W$，然后求加权和作为该号实验总分数。

第二种评分方法的关键是如何对每号实验的每个单项指标结果评出合理的分数。如果指标是定性的，则可以依靠经验和专业知识直接给出一个分数，这样非量化的指标就转换为数量化指标，使结果分析变得容易；对于定量指标，有的指标值可直接作为分数，如纯度、回收率等；对于不能将指标值本身作为分数的，可以采用直接评分方法或指标对应比分方法，给每号实验的每个指标结果评出一个分数。

使用指标对应比分来表示分数，指标对应比分的计算方法如下：

若指标取值越大越好，指标值转换为指标对应比分的计算公式为：

$$指标对应比分 = \frac{指标值 - 指标最小值}{指标最大值 - 指标最小值}$$

若指标取值越小越好，指标值转换为指标对应比分的计算公式为：

$$指标对应比分 = \frac{指标最大值 - 指标值}{指标最大值 - 指标最小值}$$

由上述计算公式可知，指标最好值的对应比分为 1，指标最差值的对应比分为 0，所以有：$0 \leqslant$ 指标对应比分 $\leqslant 1$。如果各指标的重要性一样，就可以直接将各指标的对应比分相加作为综合分数，否则求出加权和作为综合分数。指标值转换后，指标对应比分是越大越好。

## 2.4.3　考虑交互作用的正交实验设计

### （1）交互作用与交互作用列表

有时候在一个实验里，不仅各个因素在起作用，而且因素之间有时会联合、搭配起来对实验指标起作用，这种作用就叫交互作用。可用 $A \times B$ 来表示因素 $A$ 和因素 $B$ 间的交互作用。

在实验设计中，可将交互作用一律当作因素看待，从而在正交表中也占有相应的列，称为交互作用列。交互作用列在正交表中是不能随便安排的，应通过所选正交表对应的交互作用列表来安排。对每一张正交表，就有一张两列间的交互作用列表。从交互作用列表上可以查出正交表中任两列的交互作用列。

两个二水平因素的交互作用只占一列，而两个三水平因素的交互作用则占两列。一般说来，水平数相同的两个因素，其交互作用所占列数为水平数减一。

### （2）有交互作用的正交实验表头设计

正交实验设计在制订实验计划中，首先必须根据实验情况，确定因素、因素的水平及需要考察的交互作用，然后把交互作用当作因素看待，同实验因素一并加以考虑，选取一张适当的正交表，把因素和需要考察的交互作用合理地安排到正交表的表头上。表头上每列至多只能安排一个内容，不允许出现同一列包含两个或两个以上内容的混杂现象。表头设计确定后，各因素所占的列就组成了实验计划。因此，一个实验计划的确定，最终都归结为选表和表头设计。表选得合适，表头设计得好，就可以用比较少的人力、物力和时间完成任务，得到满意的结果。

一般表头设计可按以下步骤进行：①首先考虑交互作用不可忽略的因素，按不可混杂的原则，将这些因素及交互作用在表头上排妥；②再将其余可以忽略交互作用的那些因素安排在剩下的各列上。

### （3）有交互作用的正交实验设计

在有交互作用的情况下，确定各因素的水平组合，应做到两点：一是需要计算交互作用显著的两因素的不同水平搭配所对应的实验指标平均值，列出因素水平搭配效果表，并分析出好的搭配；二是必须综合考虑交互作用好的搭配和因素好的水平，才能确定各因素好的水平组合。

多因素正交实验设计大多是采用正交表安排实验方案和直观分析的方法，其优点是：利用正交表挑选一部分有代表性的实验，减少了实验次数；利用正交表进行整体设计，可以同时做一批实验，缩短了实验周期；只需在正交表上做少量的计算，就可获得重要信息，据此不仅可以直接比较各因素，还可以比较因素间交互作用对指标的影响，从而选出各因素好的水平组合。其缺点是：缺乏对实验数据的数理统计分析，不能准确分析出各因素对实验结果影响的重要程度。这些缺点，可在后面进行数据处理时采用方差分析法来克服。

第 **3** 章
# 实验数据处理与分析

实验设计完成后，随着实验的进行和相关检测分析的工作，必将得到一系列的实验数据。如果不对这些实验数据进行正确处理，就不可能对实验工作有一个明确的认识，更不可能探寻实验现象背后的规律性信息，因此实验数据处理与分析是实验工作必不可少的一个环节。

实验数据处理与分析一般包括下述三个方面内容。

### （1）实验数据的误差分析

为了保证最终实验结果的准确性，应该首先对原始数据的可靠性进行客观的评定，也就是需对实验数据进行误差分析，确定实验数据直接测量值和间接测量值误差的大小，评判实验数据的准确度是否满足工程实践的要求。

### （2）实验数据的整理

实验数据的整理，就是对原始数据进行筛选，剔除极个别不合理的数据，保证原始数据的可靠性，及对实验数据进行列表与图示等，以供下一步分析实验数据之用。

### （3）实验数据的数理统计分析

整理后得到的实验数据，利用方差分析、回归分析等数理统计方法，分析出各实验因素对实验结果影响的程度，确定出影响实验结果的各因素主次顺序，建立实验结果与实验因素之间的近似函数关系式，选出各因素好的水平组合或工艺条件。

## 3.1 实验数据的误差分析

实验数据误差分析的内容包括绝对误差与相对误差、算术平均误差与标准误差、误差的传递、实验数据的评价。

## 3.1.1 绝对误差与相对误差

### （1）绝对误差（absolute error）

实验获得的某个量的实验值只是该量真值（在某一时刻和某一状态下，某个量的客观存在值）的近似值，两者之间的差异程度可用绝对误差来表示。

设某一量的真值为 $x_t$，实验值为 $x$，则 $x$ 与 $x_t$ 之差称为实验值 $x$ 的绝对误差，简称误差，用符号 $e$ 表示误差（error），即：

$$e = x - x_t \tag{3-1}$$

绝对误差反映了实验值偏离真值的大小，通常所说的误差一般就是指绝对误差。

由于真值是未知的，所以绝对误差也就无法准确计算出来，因此式（3-1）称为理论型的绝对误差定义。不过在实际应用中，可估计出它的大小范围。

如果可以找到一个适当小的正数 $\Delta$，使下面不等式成立：

$$|e| = |x - x_t| \leqslant \Delta \tag{3-2}$$

则称 $\Delta$ 为实验值 $x$ 的最大绝对误差，又称绝对误差上界或绝对误差限。

最大绝对误差具有可确定性和不唯一性，因此在估计实验值的最大绝对误差 $\Delta$ 时，应尽量将 $\Delta$ 估计得小一些。对于同一量的实验值中，最大绝对误差 $\Delta$ 越小，相应的实验值就越准确。

利用不等式（3-2），可以非常容易地推导出一个等价不等式：

$$x - \Delta \leqslant x_t \leqslant x + \Delta$$

这个不等式给出了真值 $x_t$ 的取值范围，也可以用区间表示真值 $x_t$ 的取值范围，即：

$$[x - \Delta, \ x + \Delta]$$

在科学实验中，经常用下式表示真值 $x_t$ 的所在范围，即：

$$x_t = x \pm \Delta \tag{3-3}$$

### （2）相对误差（relative error）

为了判断一个实验值的准确程度，除了要看绝对误差的大小之外，还要考察实验值本身的大小，此大小可用相对误差表示。

绝对误差 $e$ 与真值 $x_t$ 之比称为实验值 $x$ 的相对误差，用符号 $e_r$ 表示相对误差，即：

$$e_r = \frac{e}{x_t} = \frac{x - x_t}{x_t} \tag{3-4}$$

由于真值 $x_t$ 不能准确求出，所以相对误差也不可能准确求出，因此式（3-4）称为理论型的相对误差定义。参照最大绝对误差的概念，可以给出最大相对误差的概念。

假设可以找到一个适当小的正数 $\delta$，使下面不等式成立：

$$|e_r| = \left| \frac{x - x_t}{x_t} \right| \leqslant \delta \tag{3-5}$$

则称 $\delta$ 为实验值 $x$ 的最大相对误差，又称相对误差上界或相对误差限。

最大相对误差不如最大绝对误差容易得到，在实际应用中，常用最大绝对误差 $\Delta$ 与实验值的绝对值 $|x|$ 之比作为最大相对误差 $\delta$，即：

$$\delta = \frac{\Delta}{|x|} \tag{3-6}$$

相对误差和最大相对误差都是无单位的，通常用百分数（%）来表示。一般地，在同一量或不同量的几个实验值中，最大相对误差 $\delta$ 越小，对应的实验值 $x$ 准确度越高。

**（3）绝对误差与相对误差的近似计算**

1）算术平均值（arithmetic mean）与偏差（deviation）

设 $x_1, x_2, \cdots, x_n$ 是某实验的 $n$ 组实验数据，$n$ 为实验次数，则算术平均值可由下式求得：

$$\overline{x} = \frac{1}{n}\sum_{i=1}^{n} x_i \tag{3-7}$$

由于真值具有不可知性，导致绝对误差不能准确求出，而算术平均值 $\overline{x}$ 是真值 $x_t$ 的最佳估计值，用算术平均值 $\overline{x}$ 代替绝对误差定义式（3-1）中的真值 $x_1$，可得式（3-8）所示的偏差公式：

$$d = x - \overline{x} \tag{3-8}$$

偏差 $d$ 为实验值 $x$ 与平均值 $\overline{x}$ 之间的差值。

2）实用型的绝对误差与相对误差公式

在实际应用中，可用偏差公式（3-8）近似计算绝对误差 $e$，从而得到实用型的绝对误差公式（3-9）。

$$e \approx x - \overline{x} \tag{3-9}$$

也可用偏差与实验值或平均值之比作为相对误差 $e_r$，即得到实用型的相对误差公式（3-10）。

$$e \approx \frac{x - \overline{x}}{x} \text{ 或 } e \approx \frac{x - \overline{x}}{x} \tag{3-10}$$

在实际应用中，经常将式（3-9）及式（3-10）中的"$\approx$"写成"$=$"，用于计算绝对误差和相对误差。

**（4）误差的分类及来源**

实验数据的误差根据其性质或产生的原因，可分为随机误差、系统误差和过失误差三类。

① 随机误差（random error）。如果一组实验值 $x_1, x_2, \cdots, x_n$ 与真值 $x_t$ 之间发生一些无一定方向的微小的偏离，即这种偏离具有随机性，时大、时小、时正、时负，这种偏离称为随机误差。随机误差是由一系列偶然因素造成的，例如实验室温度、湿度和气压的微小波动，仪器的轻微振动等，这些偶然因素是实验者无法严格控制的，所以随机误差一般不可完全避免。但通过增加实验次数，取平均值表示实验结果，可以减小随机误差。

② 系统误差（systematic error）。如果一组实验值 $x_1, x_2, \cdots, x_n$ 与真值 $x_t$ 之间发生向一个确定方向的偏离，这种偏离叫做系统误差。实验条件一旦确定，系统误差的大小及其符号在重复多次实验中几乎相同，或在实验条件改变时按照某一确定规律变化。

系统误差的产生原因是多方面的，可来自仪器（如砝码不准或刻度不均匀等）或操作不当，也可来自实验方法本身的不完善等。只有对系统误差产生的原因有了充分的认识，才能对它进行校正或设法消除。

③ 过失误差（mistake error）。过失误差是一种显然与事实不符的误差，超出在规定条件下预期的误差，它可能是由实验时不合理使用仪器造成的，也可能是由实验人员粗心大意造成的，如读数错误、记录错误或操作失误等。所以只要实验者加强工作责任心，过失误差一般可以避免。

## 3.1.2 算术平均误差与标准误差

### （1）算术平均误差（average discrepancy）

算术平均误差也称算术平均偏差，是各个偏差的绝对值的算术平均值，即：

$$\overline{d} = \frac{\sum\limits_{i=1}^{n} |d_i|}{n} = \frac{\sum\limits_{i=1}^{n} |x_i - \overline{x}|}{n} \tag{3-11}$$

算术平均误差可以反映一组实验数据平均误差的大小。

### （2）标准误差（standard error）

标准误差是各个误差平方和的平均值的平方根，即：

$$\sigma = \sqrt{\frac{\sum\limits_{i=1}^{n} e_i^2}{n}} = \sqrt{\frac{\sum\limits_{i=1}^{n} (x_i - x_t)^2}{n}} \tag{3-12}$$

在式（3-2）中，由于真值 $x_t$ 的不可知性，导致标准误差不可能准确求出，式（3-12）只是标准误差理论上的定义，无实用价值，故式（3-12）称为理论型的标准误差定义。

标准差是我们经常使用的一个量化指标，标准差 $S$ 的定义式：

$$S = \sqrt{\frac{\sum\limits_{i=1}^{n} d_i^2}{n-1}} = \sqrt{\frac{\sum\limits_{i=1}^{n} (x_i - \overline{x})^2}{n-1}} \tag{3-13}$$

计算标准误差 $\sigma$ 可用标准差 $S$ 来近似代替，即：

$$\sigma \approx S = \sqrt{\frac{\sum\limits_{i=1}^{n} d_i^2}{n-1}} = \sqrt{\frac{\sum\limits_{i=1}^{n} (x_i - \overline{x})^2}{n-1}} \tag{3-14}$$

式（3-14）称为实用型的标准误差公式。

标准误差也称标准偏差，也是反映一组实验数据平均误差的大小。标准误差不但与一组实验值中每一个数据有关，而且对其中较大或较小的误差敏感性很强（取每一项误差的平方），能明显地反映出较大的个别误差。它常用来表示一组实验数据的精密程度，标准误差越小，表明实验数据的精密程度越高。

## 3.1.3 误差的应用

① 在实验中，如果对某量只进行一次测量，可依据测量仪上注明的精度等级作为单次测量误差的计算依据。如某压强表注明的精度等级为 1.5 级，则表明该表的最大绝对误差为最大量程的 1.5%，若最大量程为 0.2MPa，该压强表的最大绝对误差为：

$$0.2 \times 1.5\% = 0.003\text{MPa}$$

② 在实验中，如果对某量只进行一次测量，可将测量仪器最小刻度（分度值）作为单次测量最大绝对误差的计算依据。如万分之一分析天平的分度值为 0.1mg，则表明该天平有把握的最小称量质量是 0.1mg，所以它的最大绝对误差为 0.1mg。

③ 在实验中，如果对某量只进行一次测量，有的实验也可将测量仪器最小刻度的一半作为单次测量最大绝对误差的计算依据。如寒暑表，最小刻度为 2℃，但可估计到 1℃，记录室内温度为 27℃，该温度产生的误差不超过 ±1℃。再如毫米刻度的直尺，最小刻度为 1mm，记录某物体长度为 85mm，该长度产生的误差不超过 ±0.5mm。

④ 在实验中，正确记录测量数据。例如滴定管的最小刻度为 0.1mL，但读数时应记录到小数点后面的第二位，读一次数的最大绝对误差一般为 0.01mL。完成一次滴定需两次读数（初读数、末读数），所以最大绝对误差一般为 0.02mL。如果滴定时量取某溶液为 10.56mL，其量取结果可记为：10.56mL±0.02mL。又例如，用万分之一分析天平称量时，应记录到小数点后四位，小数点后的第四位是估计的，前面的数字都是准确的，读数最大绝对误差为 0.0001g。完成第一次试样称量前后需两次称量，先称出称量瓶的质量，再称出称量瓶加样品的质量，前后两次称量的差值即为样品的质量，再称出称量瓶加样品的质量，前后两次称量的差值即为样品的质量。一份试样称量两次，两次读数导致的称量质量最大绝对误差应为两次称量最大绝对误差相加，其最大绝对误差是 0.0002g，如果用万分之一分析天平称出试样的质量为 6.4538g，称量结果可记为：6.4538g±0.0002g。

## 3.1.4　间接测量值的误差传递

间接测量值是通过一定的公式，由直接测量值计算而得。由于各直接测量值均有误差，因此间接测量值也必有一定的误差。间接测量值的误差不仅取决于各直接测量值的误差，还取决于公式的形式。表达各直接测量值误差与间接测量值误差间的关系式，称之为误差传递公式。

### （1）间接测量值的最大绝对误差与最大相对误差传递公式

设 $x_1, x_2, \cdots, x_n$ 表示 $n$ 个变量的直接测量值，用 $\Delta x_1, \Delta x_2, \cdots, \Delta x_n$ 分别表示各直接测量值的最大绝对误差，通过函数关系式 $y = f(x_1, x_2, \cdots, x_n)$ 计算得到间接测量值 $y$，则间接测量值 $y$ 的最大绝对误差传递公式如式（3-15）所示：

$$\Delta y \approx \sum_{i=1}^{n} \left| \frac{\partial f}{\partial x_i} \right| \Delta x_i \tag{3-15}$$

最大相对误差传递公式为：

$$\delta_y = \frac{\Delta y}{|y|} \approx \sum_{i=1}^{n} \left| \frac{\partial f}{\partial x_i} \right| \frac{\Delta x_i}{|y|} \tag{3-16}$$

式中，$\Delta x_i$ 表示直接测量值 $x_i$ 的最大绝对误差，$i=1, 2, \cdots, n$；$\Delta y$ 表示间接测量值 $y$ 的最大绝对误差；$\delta_y$ 表示间接测量值 $y$ 的最大相对误差；$\dfrac{\partial f}{\partial x_i}$ 表示函数 $y = f(x_1, x_2, \cdots, x_n)$ 对变量 $x_i$ 的偏导数，称为误差传递系数。

**（2）间接测量值的标准误差传递公式**

① 设 $x_1, x_2, \cdots, x_n$ 表示 $n$ 个变量的直接测量值，用 $\sigma_{x_1}, \sigma_{x_2}, \cdots, \sigma_{x_n}$ 分别表示各直接测量值的标准误差，可通过函数关系式 $y = f(x_1, x_2, \cdots, x_n)$ 得到间接测量值 $y$，用 $\sigma_y$ 表示间接测量值 $y$ 的标准误差，由间接测量值 $y$ 的标准误差传递公式为：

$$\sigma_y = \sqrt{\sum_{i=1}^{n}\left(\frac{\partial f}{\partial x_i}\right)^2 \sigma_{x_i}^2} \tag{3-17}$$

式（3-17）中，直接测量值 $x_i$ 的标准误差 $\sigma_{x_i}$ 是不能准确求出的，因此式（3-17）也不能准确求出间接测量值 $y$ 的标准误差 $\sigma_y$，故式（3-17）称为理论型的间接测量值 $y$ 的标准误差传递公式。

② 设 $S_{x_1}, S_{x_2}, \cdots, S_{x_n}$ 分别表示各直接测量值的标准差，用 $S_y$ 表示间接测量值 $y$ 的标准差，间接测量值 $y$ 的标准差传递公式为：

$$S_y = \sqrt{\sum_{i=1}^{n}\left(\frac{\partial f}{\partial x_i}\right)^2 S_{x_i}^2} \tag{3-18}$$

③ 用式（3-18）的间接测量值 $y$ 的标准差 $S_y$ 来代替标准误差 $\sigma_y$，得到实用型的间接测量值 $y$ 的标准误差传递公式为：

$$\sigma_y \approx S_y = \sqrt{\sum_{i=1}^{n}\left(\frac{\partial f}{\partial x_i}\right)^2 S_{x_i}^2} \tag{3-19}$$

例如，已知 $y = x_1 + x_2 + x_3$，实验值 $x_1$、$x_2$、$x_3$ 的标准差分别为 $S_{x_1} = 0.2$、$S_{x_2} = 0.3$、$S_{x_3} = 0.2$，则间接测量值 $y$ 的标准误差 $\sigma_y$ 的估计值为：

$$\begin{aligned}
\sigma_y \approx S_y &= \sqrt{\left(\frac{\partial y}{\partial x_1}\right)^2 S_{x_1}^2 + \left(\frac{\partial y}{\partial x_2}\right)^2 S_{x_2}^2 + \left(\frac{\partial y}{\partial x_3}\right)^2 S_{x_3}^2} \\
&= \sqrt{S_{x_1}^2 + S_{x_2}^2 + S_{x_3}^2} \\
&= \sqrt{0.04 + 0.09 + 0.04} \approx 0.4
\end{aligned}$$

## 3.1.5 实验数据的评价

一组实验数据的可靠性和准确性可从正确度（trueness）、精密度（precision）和准确度（accuracy）三个方面来评价。

正确度指大量实验结果的算术平均值与真值之间的一致程度，反映了实验结果中系统误差影响的程度。

精密度表示各次测定实验值之间的相互接近程度，反映了实验结果中随机误差的影响程度。精密度的高低通常用标准误差表示。标准误差越小，各数据之间越接近，则精密度越高；反之则越低。

准确度表示实验值与真值之间相互接近的程度，反映了实验结果中随机误差和系统误差综合影响的程度。准确度的高低用相对误差表示。相对误差越小，表示实验值与真值越接近，准确度越高；反之则越低。

**（1）精密度与准确度的关系**

准确度的高低是由随机误差和系统误差的综合所决定，而精密度的高低仅由随机误差所决定，与系统误差无关。由此可分析出：精密度高是保证准确度高的必要条件，因为精密度低，随机误差必然大，准确度肯定低；但精密度高不是保证准确度高的充分条件，因为这时可能有较大的系统误差，导致准确度低；只有在消除系统误差的情况下，精密度高则准确度也高。

由此可得出结论：精密度是保证准确度的前提条件，没有好的精密度就不可能有好的准确度，精密度与准确度都好的一组实验数据才可取。

**（2）提高准确度的方法**

要想得到准确的实验值，必须设法减小实验过程中的系统误差和随机误差。常用的方法是：

① 选择恰当的实验方法，科学地组织实验过程。

② 减小系统误差。系统误差的变化具有一定的规律性，可根据其产生的原因，采取一定的技术措施来减小或消除，如由仪器不准引起的系统误差可通过校准仪器来减小或消除。

③ 减小随机误差。减小随机误差，可通过选用稳定性更好的仪器、改善实验环境、提高实验技术人员的操作熟练程度等方法来实现；也可通过增加测定次数，使平均值更接近真值，从而减小随机误差。

④ 减小测量误差。为保证实验结果的准确度，必须尽量减小由仪器或量器带来的测量误差。

### 3.1.6 实验仪器精度的选择

在实验中必须正确选择所用仪器的精度，以保证实验数据有足够的准确度。

当要求间接测量值 $y$ 的最大相对误差满足 $\delta_y = \dfrac{\Delta y}{|y|} \leqslant A$ 时，其中 $A$ 为最大相对误差的"上界"，通常采用等分配的方法，将"上界" $A$ 等分配给各直接测量值 $x_i$，故各直接测量值 $x_i$ 的最大相对误差应满足：

$$\delta_{x_i} = \frac{\Delta x_i}{|x_i|} \leqslant \frac{1}{n} A \tag{3-20}$$

式中，$\delta_{x_i}$ 表示某直接测量值 $x_i$ 的最大相对误差；$\Delta x_i$ 表示某直接测量值 $x_i$ 的最大绝对误差；$x_i$ 表示某直接测量值；$n$ 表示直接测量值的数目；$\dfrac{1}{n} A$ 表示某直接测量值 $x_i$ 的最大相对误差的"上界"。

根据"上界" $\dfrac{1}{n} A$ 的大小，就可以选定出某待测量 $x_i$ 值时所用实验仪器的精度。

# 3.2 实验数据的整理

实验数据整理的目的是：分析实验数据的一些基本特点，计算实验数据的基本统计特征，利用计算得到的一些参数，分析实验数据中可能存在的异常点，为实验数据的取舍提供一定的统计依据。

实验数据整理的内容包括：正确记录与运算实验数据；计算出实验数据中几个数字特征；舍掉实验数据中异常值；用列表与图示方法，科学地显示实验数据。

## 3.2.1  有效数字

每一个实验都要记录大量的测量值（即原始数据），并对它们进行分析运算。但这些直接测量数据都是近似值，存在一定的误差，为了提高实验数据的精度，就存在测量值应记录几位数字，运算值又应取几位数字的问题。

**（1）有效数字（significant figure）**

实验中准确测定的几位数字加上最末一位估读数字（又称存疑数字）所得的全部数字称为有效数字。

例如，用最小刻度为 1℃ 的温度计测得某溶液的温度为 23.6℃，有效数字为 3 位，其中 23℃ 是从温度计上直接读得的，它是准确的，但最后一位数字"6"是估读出来的，是存疑的或欠准的。又例如，用最小刻度为 0.1mL 的滴定管，测得消耗溶液体积为 25.68mL，有效数字为 4 位，其中前三位为准确的，最后一位是存疑或欠准的。

对于有效数字的最后一位存疑数字，在一般情况下，通常理解为它可能是±1 个单位的误差。例如，有效数字 2.516，其实际值应是 2.516±0.001 范围内的某一数值。

**（2）测量数据的正确记录**

有效数字的位数可反映实验的精度或表示所用仪表的精度，所以不能随便多写或少写。不正确地多写一位数字，则该实验数据不真实；少写一位数字，则损失了实验精度。应正确记录测量数据。如用万分之一的分析天平进行称量时，称量结果必须记录到小数点后四位［以克（g）为单位］，将试样质量记为 1.326g 或 1.32600g 都不对，应记为 1.3260g。又如记录滴定管数据时，必须记录到小数点后两位［以毫升（mL）为单位］，将试液体积记为 10.2mL 或 10.200mL 都不对，应记为 10.20mL。

**（3）数字的修约规则**

整理数据时，实验值应合理保留有效数字的位数，按要求舍去多余的尾数，这一过程称为数字的修约。

一般采用"四舍五入"法进行数字的修约，但这种方法易使所得数据系统的整体误差加大，因此在具体运用时应遵循"小则舍，大则入，恰好等于奇变偶"的规则，具体方法如下：

① 当舍去部分的数值小于保留部分的末位的半个单位，则留下部分的末位不变；

② 当舍去部分的数值大于保留部分的末位的半个单位，则留下部分的末位加 1；

③ 当舍去部分的数值恰为保留部分的末位的半个单位，则留下部分的末位凑成偶数，即末位为奇数时加 1 变为偶数，末位为偶数时不变。

数字修约时，只允许对原始数据进行一次修约，而不能对该数据进行连续修约。例如，

4.1349 修约到 3 位有效数字，必须将其一次修约到 4.13，而不能连续修约为 4.1349→4.135→4.14。

## 3.2.2 有效数字的运算规则

由于间接测量值是由直接测量值计算出来的，因此也存在有效数字的问题。

① 有效数字的加、减。运算后和、差的小数点后有效数字的位数，与参加运算各数中小数点后位数最少的相同。

② 有效数字的乘、除。运算后积、商的有效数字的位数与各参加运算有效数中位数最少的相同。

③ 乘方、开方的有效数字。在乘方、开方运算中，其结果的有效数字的位数应与其底数的有效数字位数相同。

④ 对数、反对数的有效数字。在对数与反对数运算中，对数的小数点后的位数与真数的有效数字位数相同（对数的整数部分不计入有效数字位数）。

⑤ 计算有效数字位数时，如果第一位有效数字是 8 或 9 时，则有效数字的位数可多算一位。如 8.56、9.25 虽只有三位，可认为它们是四位有效数字。又如，0.31×0.8，应认为 0.8 是两位有效数字，两数相乘后得 0.248，然后修约为 0.25，其相乘结果为两位有效数字。如果认为 0.8 为一位有效数字，根据有效数字运算法则，相乘结果就应是一位有效数字，其相乘结果为 0.2，显然这个结果是不准确的。

⑥ 计算中涉及一些常数，如 $\pi$、$\sqrt{2}$、$\frac{1}{3}$ 等，它们的有效数字位数可根据需要任意取，不受限制。

从有效数字的运算中可以看出，算式中每一个数据对实验结果精度的影响程度是不一样的，精度低的数据影响相对较大，所以在实验过程中，应尽可能采用精度一致的仪器或仪表，一两个高精度的仪器或仪表无助于整个实验结果精度的提高。

## 3.2.3 实验数据的数字特征

对实验数据进行简单分析后，可以看出，实验数据一般具有以下一些特点：实验数据的个数总是有限个，且数据具有一定波动性；实验数据总存在实验误差，且是综合性的，即随机误差、系统误差、过失误差都有可能存在于实验数据中；实验数据大都具有一定的统计规律性。

在有波动的实验数据中，经常需要求出实验数据的几个数字特征，以此来反映实验数据统计规律性的一些特性，如实验数据取值的平均情况、分散程度等。

数字特征（characteristic number）是反映一组实验数据统计规律性的具体量化指标，是描述实验数据整体水平特征的数，是对实验数据的整理和概括。一般地，实验数据的数字特征包括取值的集中趋势、分散程度和相关程度等。

### 3.2.3.1 取值的集中趋势

用于描述实验数据取值的集中趋势及平均水平的数字特征有平均数、中位数、众数等。

**（1）平均数（average）与加权平均数（weighted average）**

假设由实验得到了一批数据 $x_1, x_2, \cdots, x_n$，$n$ 为实验次数，则可用式（3-7）求取它们的平均数，即：

$$\bar{x} = \frac{1}{n} \sum_{i=1}^{n} x_i$$

平均数 $\bar{x}$ 又称平均值或算术平均数，可反映一组实验值在一定条件下的水平，所以在科学实验中，经常将多次实验值的平均值作为真值的近似值。

加权平均数可定义为：

$$\bar{x}_\omega = \frac{\omega_1 x_1 + \omega_2 x_2 + \cdots + \omega_n x_n}{\omega_1 + \omega_2 + \cdots + \omega_n} = \frac{\sum_{i=1}^{n} \omega_i x_i}{\sum_{i=1}^{n} \omega_i} \tag{3-21}$$

式中，$x_1, x_2, \cdots, x_n$ 表示各实验值；$\omega_1, \omega_2, \cdots, \omega_n$ 表示各单个实验值对应的权数（weight）。各实验值的权数 $\omega_i$ 可以是实验值的重复次数、实验值在总数中所占的比例，也可根据经验确定。

**（2）中位数(median)**

中位数是指一组按依递增或递减次序排列的实验数据中位于正中间位置上的那个数值，用 $M_d$ 表示，是反映实验数据整体水平的数值。

中位数的计算方法：将全部实验数据从大到小（或从小到大）进行排列，若数据总数为奇数，则位于正中间的那个数值就是中位数；若数据总数为偶数，就取最中间的两个数值的平均值作为中位数。

**（3）众数(mode)**

众数是指一组实验数据中出现次数最多的那个实验数值，用 $M_o$ 表示，可利用观察法得到。

如果一组实验数据中出现次数最多的实验数值不止一个，那么这组实验数据中的众数就不止一个。如果一组实验数据中每个实验数据都出现一次或相同次数，那么这组实验数据就没有众数。

### 3.2.3.2 分散特征参数

用于描述实验数据彼此之间差异、分散程度的特征，常用的有极差、方差、标准差、差异系数等。

**（1）极差（range，$R$）**

$$R = \max\{x_1, x_2, \cdots, x_n\} - \min\{x_1, x_2, \cdots, x_n\}$$

式中，$\max\{x_1, x_2, \cdots, x_n\}$ 和 $\min\{x_1, x_2, \cdots, x_n\}$ 分别表示一组实验数据 $x_1, x_2, \cdots, x_n$ 的最大值和最小值。

极差 $R$ 是一组实验数据中最大值与最小值之差，可以度量数据波动的大小，具有计算简便的优点，但由于它没有充分利用全部数据提供的信息，而是过于依赖个别的实验数据，故代表性较差，反映实验数据分散程度的精度较差。实际应用时，多用以均值 $\bar{x}$ 为中心的数字特征，如方差、标准差、差异系数等。

**（2）方差（variance）和标准差（standard deviation）**

方差的定义为：

$$S^2 = \frac{1}{n-1}\sum_{i=1}^{n}(x_i - \bar{x})^2 \tag{3-22}$$

标准差的定义就是前面介绍的式（3-13），即：

$$S = \sqrt{\frac{1}{n-1}\sum_{i=1}^{n}(x_i - \bar{x})^2}$$

标准差也叫均方差，与实验数据的单位一致，可以反映实验数据与均值之间的平均差距。标准差越大，表示实验值分散程度越大，即数据参差不齐，分布范围广；标准差越小，表示实验值分散程度越小，即数据集中、整齐，分布范围小。

标准差有广泛应用，例如，标准误差 $\sigma$ 可用标准差近似代替，见前面公式（3-14）。标准误差可反映一组实验值的精密度。标准差越小，也就是标准误差越小，则该组实验值精密度越高。

**（3）差异系数（coefficient of variation，CV）**

差异系数又称相对标准差（relative standard deviation）的定义为：

$$CV = \frac{S}{\bar{x}} \times 100\% \tag{3-23}$$

差异系数 CV 以平均数为基准，用标准差占其平均数的百分数来衡量实验数据的分散程度，是个相对的数字特征。差异系数越大，表示实验数据分散程度越大；差异系数越小，表示实验数据分散程度越小。

极差 $R$、标准差 $S$ 的作用是反映数据绝对波动大小，而差异系数 CV 的作用是反映数据相对波动大小。

### 3.2.3.3　相关特征

用来表示实验结果与实验因素间存在的相关关系，常用的有相关系数（correlation coefficient），其定义和计算公式将在回归分析中介绍，它反映实验结果与实验因素间存在的线性关系的强弱。

## 3.2.4　可疑数据的取舍与检验

在进行实验数据的整理、计算、分析时，常发现有个别与其他值偏差较大的数据，这些值有可能是由偶然误差造成的，也可能是由过失误差或条件的改变而造成的。所以在实验数据的整理过程中，将这些数据剔除，对于控制实验数据的质量、消除不应有的实验误差、提高实验结果的精密度，是非常重要的。但是对于这些数据的取舍一定要慎重，不能轻易舍弃，因为任何一个测量值都是测试结果的一个信息。通常我们将个别偏差大的、不是来自同一分布总体的、对实验结果有明显影响的测量数据称为离群数据，而将可能影响实验结果，但尚未证明确实是离群数据的测量数据称为可疑数据。

**（1）可疑数据的取舍**

舍掉可疑数据固然会使实验结果的精密度提高，但可疑数据并非全都是离群数据，因为正常测量的实验数据总有一定的分散性，因此不加分析、人为地全部删掉，虽然可能删去了离群数据，但也删去了一些误差较大的并非错误的数据，由此得到的实验结果并不一定就符合客观实际，因此可疑数据的取舍必须遵循一定的原则。一般这项工作由一些具有丰富经验的专业人员根据下述原则进行。

对于实验中由于条件改变、操作不当或其他人为原因产生的离群数值，并有当时记录可供参考的，可以直接舍弃。没有肯定的理由证明它是离群数值，但可从理论上检验其属于可疑数据时，可以根据偶然误差的分布规律，决定它的取舍。

**（2）可疑数据的检验**

对于是否属可疑数据，可先计算出数列的标准误差，再分别采用拉依达（Pаǔtа）检验法、肖维勒（Chauvenet）检验法、格拉布斯（Grubbs）检验法、狄克逊（Dixon）检验法、柯克兰（Cochran）最大方差检验法进行检验。但在应用这些检验法检验可疑数据时，必须注意：

① 可疑数据应逐一检验，不能同时检验两个以上数据。应按照与 $\bar{x}$ 的偏差大小顺序来检验，首先检验偏差最大的数，如果这个数没有被去掉，则所有其他数都应保留，也就不需要再检验其他数了。

② 去掉一个数后，如果还要检验下一个可疑数据，应注意实验数据的总数发生了变化。此时，若再用拉依达和格拉布斯准则检验时，$\bar{x}$ 和 $S$ 都会发生变化；若再用狄克逊准则检验时，各实验数据的大小顺序编号以及统计量计算公式等也会随着变化。

③ 用不同的检验方法检验同一组实验数据，在相同的显著性水平上，可能会有不同的结论。

④ 各种检验法各有其特点。当实验数据较多时，使用拉依达检验法较好，实验数据较少时，不要应用；格拉布斯检验法和狄克逊检验法都适用于实验数据较少时的检验。在一些标准中，常推荐格拉布斯检验法和狄克逊检验法来检验可疑数据。

## 3.2.5 实验数据的列表与图示

为了充分发挥实验数据在实验设计中的作用，必须有科学的显示方法。实验数据列表和图示是显示实验数据的两种基本方式。

**（1）实验数据的列表法**

列表法就是用表格的形式将实验数据依照一定的形式和顺序一一对应列出来。列表法可将杂乱的数据有条理地整理在一张简明的实验数据表内。实验数据表一般由三部分组成，即表名、表头和数据。表名应放在表的上方，主要说明表的主要内容，为了引用方便，还应包括表号；表头通常放在第一行，也可以放在第一列，也可称为行标题或列标题，主要是表示表中记录各种数据的类别名；数据是表格的主要部分。此外，在表格的下方可以加上表外附加，主要内容是一些不便列在表内的内容，如指标注释、资料来源、不变的实验数据等。

实验数据表可分为两大类：实验数据记录表和实验结果表示表。

实验数据记录表是实验数据记录和初步整理的表格，是根据实验内容设计的一种专门表格。表中数据可分为三类：原始数据、中间数据和计算结果。实验数据记录表应在实验正式开始之前准备好。

实验结果表示表应该简明扼要，只需包括所测定实验结果的数据。

如果实验数据不多，原始数据与实验结果之间的关系很明显，可以将实验数据记录表和结果表示表合二为一。为了充分发挥实验数据表的作用，表格的设计应注意简明合理、层次清晰，以便阅读和使用；为方便表格的使用，应注意记录的数据要规范、全面。

**（2）实验数据的图示法**

实验数据的图示法就是将实验数据用线图、散点图、条形图、扇形图等图形表示出来，其优点在于形象直观，易于比较，易于显示实验数据的变化规律和特征。

线图是最常用的一类图形，它可以用来表示因变量随自变量的变化情况。在数学中，表示函数关系的图形就是线图。绘制线图的基本步骤分为以下六步：

① 选择合适的坐标系。坐标系有直角坐标系、半常用对数坐标系、半自然对数坐标系、双常用对数坐标系、双自然对数坐标系、极坐标系等。

直角坐标系是最普通、最常用的坐标系，两个轴都是刻度均匀的。在半常用对数坐标系上，一个轴是刻度均匀的普通坐标轴，另一个轴是刻度不均匀的常用对数坐标轴。在常用对数坐标轴上，刻度划分是按照常用对数值来确定的，即轴上某点标出的值是真数值，但该点与原点的实际距离却是标出数值（真数）的常用对数值，所以对数轴上的刻度是不均匀的，且原点标出的数也不是零，通常是 1 或其他数值。双自然对数坐标系上的两个轴都是自然对数坐标轴。

作图时，应根据变量间的函数关系式选择合适坐标系。对于线性函数 $y=a+bx$，用普通直角坐标系；对于幂函数 $y=ax^b$，因为 $\lg y=\lg a+b\lg x$，用双常用对数坐标系可以使图形线性化，故选用双常用对数坐标系；对于指数函数 $y=ab^x$，因为 $\lg y=\lg a+x\lg b$，$\lg y$ 与 $x$ 呈直线关系，故选用半常用对数坐标系。

② 选择坐标轴。横轴为自变量，纵轴为因变量。轴的末端注明该轴所代表的变量名称的符号及所用单位。

③ 建立坐标轴的分度。就是在每个坐标轴上划分刻度并注明其大小。坐标轴的分度应与实验数据的有效数字位数相匹配，即坐标读数的有效数字位数与实验数据的位数相同。坐标原点的坐标可设置为所需要数字。两个变量的变化范围表现在坐标系上的长度应相差不大，以尽可能使图线在坐标系正中，不偏于一角或一边。

④ 描点。就是将表示自变量和因变量的数据点一一对应地描绘在坐标系上。同一图上，不同线上的数据点应用不同符号表示（如实心点或空心点等），以示区别，而且还应在图上注明符号意义。

⑤ 连线。就是将实验点的分布连成一条直线或一条光滑曲线。连线时，必须使图线紧靠所有实验点，并使实验点均匀分布于图线的两侧。

⑥ 注图名。图必须有图号和图名，以便于引用，必要时还应有图注。

随着计算机技术的发展，图形的绘制都可由计算机来完成，目前在科技绘图中最为常用的绘图软件是 Excel 和 Origin。

# 3.3 实验数据的方差分析

在对实验数据进行整理、剔除错误数据和可疑数据后，数据处理的目的就是要充分使用实验所提供的这些信息，利用数理统计知识，分析各个因素（即变量）对实验结果的影响及影响的主次，寻找各个变量间的相互影响的规律或用图形、表格或经验式等加以表示，从而揭示实验现象背后的本质规律。

方差分析（analysis of variance）是一种非常实用、有效的实验数据分析方法。它所要解决的基本问题是通过数据分析，搞清与实验研究有关的各个因素（可定量或定性表示的因素）对实验结果影响的程度和性质。其基本思想是：通过对数据进行分析，将因素变化所引起的实验结果间的差异与实验误差的波动所引起的实验结果间的差异区分开来，从而弄清因素对实验结果的影响，如果因素变化所引起实验结果的变动落在误差范围以内，或者与误差相差不大，则可判断因素对实验结果无显著影响；相反，如果因素变化所引起实验结果的变动超过误差范围，就可以判断因素变化对实验结果有显著影响。因此，用方差方法分析实验结果的关键是寻找误差范围。

## 3.3.1 单因素的方差分析

单因素的方差分析（one-way analysis of variance）是讨论一个因素对实验结果有无显著影响。

### 3.3.1.1 问题的提出

设单因素 $A$ 有 $b$ 个不同水平 $A_1, A_2, \cdots, A_b$，在每一水平下做 $a$ 次独立实验，任一实验结果可以表示为 $x_{ij}$（$i=1, 2, \cdots, a$；$j=1, 2, \cdots, b$），其中 $j$ 表示因素 $A$ 对应的水平 $A_j$，$i$ 表示在 $A_j$ 水平下的第 $i$ 次实验。例如，$x_{21}$ 表示的是 $A_1$ 水平下的第 2 次实验的结果。通过单因素实验的方差分析可以判断因素 $A$ 对实验结果有无显著影响。

### 3.3.1.2 单因素方差分析的计算公式和自由度

**（1）统计量**

设 $x_1, x_2, \cdots, x_n$ 是一组实验数据，$f(x_1, x_2, \cdots, x_n)$ 是 $x_1, x_2, \cdots, x_n$ 的函数，如果 $f$ 中不含有未知参数，则称 $f(x_1, x_2, \cdots, x_n)$ 为统计量。

①统计量 $T_{\cdot j}$ 表示因素 $A$ 在 $A_j$ 水平下取得所有实验值之和，即：

$$T_{\cdot j} = \sum_{i=1}^{a} x_{ij}, \quad j = 1, 2, \cdots, b \tag{3-24}$$

在实验数据计算表中，统计量 $T$ 通常称为列和。在 $T_{\cdot j}$ 上出现的小黑点 "·" 表示求和的结果。

统计量 $\bar{x}_j$ 表示因素 $A$ 在 $A_j$ 水平下所有实验值的平均值，即：

$$\bar{x}_{.j} = \frac{1}{a}\sum_{i=1}^{a} x_{ij} = \frac{T_{.j}}{a}, \quad j = 1, 2, \cdots, b \tag{3-25}$$

在 $\bar{x}_{.j}$ 上出现的小黑点"·"表示求和的结果,出现的一横表示求平均的结果。

②统计量 $T..$ 表示全部实验值之和,即:

$$T.. = \sum_{j=1}^{b} \sum_{i=1}^{a} x_{ij} = \sum_{j=1}^{b} T_{.j} \tag{3-26}$$

统计量 $\bar{x}$ 表示全部实验值的平均值,即:

$$\bar{x} = \frac{1}{ab}\sum_{j=1}^{b} \sum_{i=1}^{a} x_{ij} = \frac{T_{..}^2}{ab} \tag{3-27}$$

式中,$ab$ 表示实验总次数。

**(2)各偏差和误差平方和的定义与计算公式**

在单因素实验中,各实验结果之间存在的差异可用偏差平方和来表示。

① 总偏差平方和的定义为:

$$S_{\mathrm{T}} = \sum_{j=1}^{b} \sum_{i=1}^{a} \left(x_{ij} - \bar{x}\right)^2 \tag{3-28}$$

总偏差平方和 $S_{\mathrm{T}}$ 考察了全部实验值 $x_{ij}$ 对总平均值 $\bar{x}$ 之间存在的差异程度,这种差异是由实验值 $x_{ij}$ 取不同值引起的,故总偏差平方和可以反映全部实验结果之间存在的总差异。

对式(3-28)进行推导,可以得到简便的公式来计算 $S_{\mathrm{T}}$:

$$S_{\mathrm{T}} = \sum_{j=1}^{b} \sum_{i=1}^{a} x_{ij}^2 - \frac{T_{..}^2}{ab} \tag{3-29}$$

② 因素 $A$ 偏差平方和的定义为:

$$S_A = \sum_{j=1}^{b} \sum_{i=1}^{a} \left(x_{.j} - \bar{x}\right)^2 = a\sum_{j=1}^{b} \left(x_{.j} - \bar{x}\right)^2 \tag{3-30}$$

因素 $A$ 偏差平方和 $S_A$ 考察了因素 $A$ 各水平的平均值 $\bar{x}_{.j}$ 对总平均值 $\bar{x}$ 之间存在的差异程度,这种差异是因素 $A$ 的不同水平及随机误差引起的,故因素 $A$ 偏差平方和可以反映因素 $A$ 的水平变化所引起的实验结果间的差异。

对式(3-30)进行推导,可以得到简便的公式来计算 $S_A$:

$$S_A = \sum_{j=1}^{b} \frac{T_{.j}^2}{a} - \frac{T_{..}^2}{ab} \tag{3-31}$$

③ 误差平方和的定义为:

$$S_{\mathrm{E}} = \sum_{j=1}^{b} \sum_{i=1}^{a} \left(x_{ij} - \bar{x}_{.j}\right)^2 \tag{3-32}$$

误差平方和 $S_{\mathrm{E}}$ 考察了全部实验值对各水平的平均值于 $\bar{x}_{.j}$ 之间存在的差异程度,这种差异是由随机误差引起的,故误差平方和可以反映随机误差的波动引起的实验结果间的差异。

对式(3-32)进行推导,可以得到简便的公式来计算 $S_{\mathrm{E}}$:

$$S_{\mathrm{E}} = \sum_{j=1}^{b} \sum_{i=1}^{a} x_{ij}^2 - \sum_{j=1}^{b} \frac{T_{.j}^2}{a} \tag{3-33}$$

很容易推导出三种平方和之间存在如下关系式:

$$S_T = S_A + S_E \tag{3-34}$$

从式（3-34）可知，造成总偏差平方和 $S_T$ 的原因有两个方面，一方面是由因素取不同水平造成的，以因素 $A$ 的偏差平方和 $S_A$ 表示；另一方面是由随机误差的影响所造成的，以误差平方和 $S_E$ 表示。

对式（3-34）进行变换，可以得到计算误差平方和的另一个计算公式：

$$S_E = S_T - S_A \tag{3-35}$$

**（3）各偏差和误差平方和的自由度**

自由度（degree of freedom）是指平方和式中独立数据的个数。三种平方和对应的自由度分别如下：

① 偏差平方和 $S_A$ 的自由度为因素水平数 $b$ 减 1，即：

$$f_A = b - 1 \tag{3-36}$$

② 误差平方和 $S_E$ 的自由度为实验总次数 $ab$ 与因素水平数 $b$ 之差，即：

$$f_E = ab - b \tag{3-37}$$

③ 总偏差平方和 $S_T$ 的自由度为实验总次数 $ab$ 减 1，即：

$$f_T = ab - 1 \tag{3-38}$$

显然，上述三个自由度的关系为：

$$f_T = f_A + f_E \tag{3-39}$$

### 3.3.1.3　单因素方差分析的基本步骤

对于具有 $b$ 个水平的单因素 $A$，每个水平下进行 $a$ 次独立实验，所得实验结果为 $x_{ij}$（$i$=1, 2, …, $a$; $j$=1, 2, …, $b$），实验总次数为 $n$=$ab$。其方差分析基本步骤为：

① 列出单因素实验数据计算表。

② 计算各偏差和误差平方和 $S_A$、$S_E$、$S_T$。

③ 计算各偏差和误差平方和的自由度 $f_A$、$f_E$、$S_T$。

④ 计算各平均偏差和误差平方和。

因素 $A$ 平均偏差平方和 $\overline{S}_A$ 为：

$$\overline{S}_A = \frac{S_A}{f_A} = \frac{S_A}{b-1} \tag{3-40}$$

平均误差平方和为：

$$\overline{S}_E = \frac{S_E}{f_E} = \frac{S_E}{ab-b} \tag{3-41}$$

⑤ 计算 $F$ 值及显著性检验。

计算 $F$ 值。因素 $A$ 平均偏差平方和与平均误差平方和之比，称为 $F$ 值，即：

$$F_A = \frac{\overline{S}_A}{\overline{S}_E} = \frac{S_A / f_A}{S_E / f_E} \tag{3-42}$$

显著性检验。根据给定的显著性水平 $\alpha$=0.05 和 $\alpha$=0.01，因素 $A$ 偏差平方和的自由度为 $n_1$=$f_A$=$b$-1，误差平方和的自由度为 $n_2$=$f_E$=$ab$-$b$，可由 $F$ 分布表查出临界值 $F_{0.05}(f_A, f_E)$ 和 $F_{0.01}(F_A, f_E)$。

当 $F_A \leqslant F_{0.05}(f_A, f_E)$ 时，则认为因素 $A$ 对实验结果无显著影响；

当 $F_{0.05}(f_A, f_E) < F_A \leqslant F_{0.01}(F_A, f_E)$ 时，则认为因素 $A$ 对实验结果有一般显著影响，记为"*"；

当 $F_A > F_{0.01}(F_A, f_E)$ 时，则认为因素 $A$ 对实验结果有高度显著影响，记"**"

⑥ 列出方差分析表。

### 3.3.1.4 对于单因素多水平实验，各水平下实验次数不相等情况

设因素 $A$ 有 $b$ 个水平 $A_1, A_2, \cdots, A_j, \cdots, A_b$，各水平下的实验次数不相等，分别为 $a_1, a_2, \cdots, a_j, \cdots, a_b$。在此情况下，进行单因素实验的方差分析，需要对前面各偏差平方和的计算公式和自由度做适当修改，其他计算步骤不变。

**（1）修改统计量 $T_{.j}$，$T_{..}$和实验总次数**

统计量 $T_{.j}$ 修改为：

$$T_{.j} = \sum_{i=1}^{a_j} x_{ij} \qquad j = 1, 2, \cdots, b \tag{3-43}$$

统计量 $T_{..}$ 修改为：

$$T_{..} = \sum_{j=1}^{b} \sum_{i=1}^{a_j} x_{ij} \tag{3-44}$$

实验总次数修改为：

$$n = a_1 + a_2 + \cdots + a_b \tag{3-45}$$

**（2）修改后的各偏差平方和计算公式**

总偏差平方和 $S_T$：

$$S_T = \sum_{j=1}^{b} \sum_{i=1}^{a_j} x_{ij}^2 - \frac{T_{..}^2}{n} \tag{3-46}$$

因素 $A$ 偏差平方和 $S_A$：

$$S_A = \sum_{j=1}^{b} \frac{T_{.j}^2}{a_j} - \frac{T_{..}^2}{n} \tag{3-47}$$

误差平方和 $S_E$：

$$S_E = \sum_{j=1}^{b} \sum_{i=1}^{a_j} x_{ij}^2 - \sum_{j=1}^{b} \frac{T_{.j}^2}{a_j} \tag{3-48}$$

上面三种偏差平方和之间存在如下关系式：

$$S_T = S_A + S_E \tag{3-49}$$

**（3）修改后的各偏差和误差平方和的自由度**

总偏差平方和 $S_T$ 的自由度：

$$f_T = n - 1 \tag{3-50}$$

因素 $A$ 偏差平方和 $S_A$ 的自由度：

$$f_A = b - 1 \tag{3-51}$$

误差平方和 $S_E$ 的自由度：

$$f_E = n - b \tag{3-52}$$

上面三个自由度之间存在关系式：

$$f_T = f_A + f_E \tag{3-53}$$

## 3.3.2　双因素的方差分析

双因素的方差分析（two-way analysis of variance）是讨论两个因素对实验结果影响的显著性。双因素的方差分析分为两种情况：一种为双因素无重复实验的方差分析，即两个因素的各水平的每对组合只做一次实验；另一种为双因素重复实验的方差分析，即两个因素的各水平的每对组合都做 $C$（$C \geqslant 2$）次实验。

### 3.3.2.1　双因素无重复实验的方差分析

设因素 $A$ 取 $p$ 个水平 $A_1, A_2, \cdots, A_p$；因素 $B$ 取 $q$ 个水平 $B_1, B_2, \cdots, B_q$。对两因素的各水平的每对组合 $(A_j, B_j)$ 只做一次实验，实验结果为 $x_{ij}$（$i=1, 2, \cdots, p$；$j=1, 2, \cdots, q$）。在这里，我们假设因素 $A$ 与因素 $B$ 是相互独立的，不存在交互作用。对于任一个实验值 $x_{ij}$，其中 $i$ 表示因素 $A$ 对应的水平，$j$ 表示因素 $B$ 对应的水平。实验总次数 $n=pq$。

双因素无重复实验方差分析基本步骤：

**（1）列出双因素无重复实验数据计算表**

统计量 $T_{i.}$ 表示 $A_i$ 水平下取得所有实验值之和，即：

$$T_{i.} = \sum_{j=1}^{q} x_{ij}, \quad i = 1, 2, \cdots, p \tag{3-54}$$

在 $T_{i.}$ 上出现的小黑点"."表示求和的结果。

统计量 $\bar{x}_{i.}$ 表示 $A_i$ 水平下取得所有实验值的平均值，即：

$$\bar{x}_{i.} = \frac{T_{i.}}{q} = \frac{1}{q} \sum_{j=1}^{q} x_{ij}, \quad i = 1, 2, \cdots, p \tag{3-55}$$

在 $\bar{x}_{i.}$ 上出现的小黑点"."表示求和的结果，出现的一横表示求平均的结果。

统计量 $T_{.j}$ 表示 $B_j$ 水平下取得所有实验值之和，即：

$$T_{.j} = \sum_{i=1}^{p} x_{ij}, \quad j = 1, 2, \cdots, q \tag{3-56}$$

统计量 $\bar{x}_{.j}$ 表示 $B_j$ 水平下取得所有实验值的平均值，即：

$$\bar{x}_{.j} = \frac{T_{.j}}{p} = \frac{1}{p} \sum_{i=1}^{p} x_{ij}, \quad j = 1, 2, \cdots, q \tag{3-57}$$

统计量 $T_{..}$ 表示全部实验值之和，即：

$$T_{..} = \sum_{i=1}^{p} T_{i.} = \sum_{j=1}^{q} T_{.j} = \sum_{i=1}^{p} \sum_{j=1}^{q} x_{ij} \tag{3-58}$$

统计量 $\bar{x}$ 表示全部实验值的平均值，即：

$$\bar{x} = \frac{T_{..}}{pq} = \frac{1}{pq} \sum_{i=1}^{p} \sum_{j=1}^{q} x_{ij} \tag{3-59}$$

**（2）计算各偏差和误差平方和**

在双因素无重复实验中，各实验结果之间存在差异，这种差异可用偏差平方和来表示。总偏差平方和的定义为：

$$S_T = \sum_{i=1}^{p} \sum_{j=1}^{q} \left( x_{ij} - \overline{x} \right)^2 \tag{3-60}$$

总偏差平方和 $S_T$ 考察了全部实验值 $x_{ij}$ 对总平均值 $\overline{x}$ 之间存在的差异程度，这种差异是由实验值 $x_{ij}$ 取不同值引起的，故总偏差平方和可以反映全部实验结果之间存在的总差异。

对式（3-60）进行推导，可得到简便的 $S_T$ 计算公式：

$$S_T = \sum_{i=1}^{p} \sum_{j=1}^{q} x_{ij}^2 - \frac{T_{..}^2}{pq} \tag{3-61}$$

因素 $A$ 的偏差平方和的定义为：

$$S_A = \sum_{i=1}^{p} \sum_{j=1}^{q} \left( \overline{x}_{i.} - \overline{x} \right)^2 = q \sum_{i=1}^{p} \left( \overline{x}_{i.} - \overline{x} \right)^2 \tag{3-62}$$

因素 $A$ 的偏差平方和 $S_A$ 考察了因素 $A$ 各水平的平均值 $\overline{x}_{i.}$ 对总平均值 $\overline{x}$ 之间存在的差异程度，这种差异是由因素 $A$ 的不同水平及随机误差引起的，因此因素 $A$ 的偏差平方和可以反映因素 $A$ 的水平变化所引起的实验结果间的差异。

对式（3-62）进行推导，可以得到简便的公式来计算 $S_A$：

$$S_A = \frac{1}{q} \sum_{i=1}^{p} T_{i.}^2 - \frac{T_{..}^2}{pq} \tag{3-63}$$

同理，因素 $B$ 的偏差平方和的定义为：

$$S_B = \sum_{i=1}^{p} \sum_{j=1}^{q} \left( \overline{x}_{.j} - \overline{x} \right)^2 = p \sum_{j=1}^{q} \left( \overline{x}_{.j} - \overline{x} \right) \tag{3-64}$$

因素 $B$ 的偏差平方和 $S_B$ 考察了因素 $B$ 各水平的平均值 $\overline{x}_{.j}$ 对总平均值 $\overline{x}$ 之间存在的差异程度，这种差异是由因素 $B$ 的不同水平及随机误差引起的，故因素 $B$ 的偏差平方和可以反映因素 $B$ 的水平变化所引起的实验结果间的差异。

对式（3-64）进行推导，可以得到简便的公式来计算 $S_B$：

$$S_B = \frac{1}{p} \sum_{j=1}^{q} T_{.j}^2 - \frac{T_{..}^2}{pq} \tag{3-65}$$

误差平方和的定义为：

$$S_E = \sum_{i=1}^{p} \sum_{j=1}^{q} \left( x_{ij} - \overline{x}_{i.} - \overline{x}_{.j} + \overline{x} \right)^2 \tag{3-66}$$

误差平方和 $S_E$ 考察了全部实验值 $x_{ij}$ 同时对因素 $A$ 的各水平的平均值 $\overline{x}_{i.}$ 及因素 $B$ 的各水平的平均值 $\overline{x}_{.j}$ 之间存在的差异程度，这种差异是由随机误差引起的，因此误差平方和可以反映随机误差的波动所引起的实验结果间的差异。

对式（3-66）进行推导，可以得到简便的公式来计算 $S_E$：

$$S_E = \sum_{i=1}^{p} \sum_{j=1}^{q} x_{ij}^2 - \frac{1}{q} \sum_{i=1}^{p} T_{i.}^2 - \frac{1}{p} \sum_{j=1}^{q} T_{.j}^2 + \frac{T_{..}^2}{pq} \tag{3-67}$$

利用式（3-61）、式（3-63）、式（3-65）和式（3-67），可推导出四个差平方和之间存在如下关系：

$$S_{\mathrm{T}} = S_A + S_B + S_{\mathrm{E}} \qquad (3\text{-}68)$$

对式（4-68）进行变换，可得到计算误差平方和的另一个计算公式：

$$S_{\mathrm{E}} = S_{\mathrm{T}} - S_A - S_B \qquad (3\text{-}69)$$

**（3）计算各偏差平方和的自由度**

总偏差平方和 $S_{\mathrm{T}}$ 的自由度为：

$$f_{\mathrm{T}} = pq - 1 \qquad (3\text{-}70)$$

因素 $A$ 的偏差平方和 $S_A$ 的自由度为：

$$f_A = p - 1 \qquad (3\text{-}71)$$

因素 $B$ 的偏差平方和 $S_B$ 的自由度为：

$$f_B = q - 1 \qquad (3\text{-}72)$$

误差平方和 $S_{\mathrm{E}}$ 的自由度为：

$$f_{\mathrm{E}} = (p-1)(q-1) \qquad (3\text{-}73)$$

不难验证：

$$f_{\mathrm{T}} = f_A + f_B + f_{\mathrm{E}} \qquad (3\text{-}74)$$

**（4）计算各平均偏差和误差平方和**

$$\overline{S}_A = \frac{S_A}{f_A} = \frac{S_A}{p-1}$$

$$\overline{S}_B = \frac{S_B}{f_B} = \frac{S_B}{q-1} \qquad (3\text{-}75)$$

$$\overline{S}_{\mathrm{E}} = \frac{S_{\mathrm{E}}}{f_{\mathrm{E}}} = \frac{S_{\mathrm{E}}}{(p-1)(q-1)}$$

**（5）计算 $F$ 值及显著性检验**

双因素方差分析的 $F$ 值计算及显著性检验是对因素 $A$、$B$ 分别进行的。

计算 $F$ 值：

$$F_A = \frac{\overline{S}_A}{\overline{S}_{\mathrm{E}}} = \frac{S_A / f_A}{S_{\mathrm{E}} / f_{\mathrm{E}}}$$

$$F_B = \frac{\overline{S}_B}{\overline{S}_{\mathrm{E}}} = \frac{S_B / f_B}{S_{\mathrm{E}} / f_{\mathrm{E}}} \qquad (3\text{-}76)$$

检验因素 A 对实验结果影响的显著性：

根据显著性水平 $\alpha=0.05$ 和 $\alpha=0.01$，自由度 $n_1 = f_A$ 和 $n_2 = f_{\mathrm{E}}$，可由相关的 $F$ 分布表查出临界值 $F_{0.05}(f_A, f_{\mathrm{E}})$ 和 $F_{0.01}(f_A, f_{\mathrm{E}})$。

当 $F_A \leqslant F_{0.05}(f_A, f_{\mathrm{E}})$ 时，则认为因素 $A$ 对实验结果无显著影响；

当 $F_{0.05}(f_A, f_{\mathrm{E}}) < F_A \leqslant F_{0.01}(f_A, f_{\mathrm{E}})$ 时，则认为因素 $A$ 对实验结果有一般显著影响，记为"*"；

当 $F_A > F_{0.01}(f_A, f_{\mathrm{E}})$ 时，则认为因素 $A$ 对实验结果有高度显著影响，记为"**"。

对因素 $B$ 也同样进行显著性检验。

**（6）列出双因素无重复实验的方差分析表**

### 3.3.2.2 双因素重复实验的方差分析

在讨论双因素无重复实验的方差分析时，假设两因素是相互独立的。但在研究两个因素对实验结果的影响时，因素 $A$、$B$ 之间有时会联合、搭配起来对实验指标产生作用，这种作用就叫交互作用。为了分析交互作用，在各水平的每对组合下重复做 $C$（$C \geqslant 2$）次实验，以提高分析的精度。

设因素 $A$ 取 $p$ 个水平 $A_1$, $A_2$, $\cdots$, $A_p$；因素 $B$ 取 $q$ 个水平 $B_1$, $B_2$, $\cdots$, $B_q$。在两因素各水平的每对组合（$A_i$, $B_j$）都做 $C$（$C \geqslant 2$）次实验，称为等重复性实验。每个实验结果记为 $x_{ijk}$（$i=1, 2, \cdots, p$；$j=1, 2, \cdots, q$；$k=1, 2, \cdots, c$），其中 $i$ 表示因素 $A$ 对应的水平，$j$ 表示因素 $B$ 对应的水平，$k$ 表示在水平组合（$A_i$, $B_j$）下的第 $k$ 次实验。例如，$x_{123}$ 表示在水平组合($A_1$, $B_2$)下的第 3 次实验结果。显然实验总次数 $n=pqc$，全部实验结果列表，且相互独立。

## 3.3.3 正交实验的方差分析

正交实验的方差分析，其计算步骤与前面介绍的单因素和双因素的方差分析是一致的，也是先计算各因素、各偏差和误差平方和，然后求出自由度、平均偏差和误差平方和、$F$ 值，最后对因素进行显著性检验。

正交实验的方差分析，一般可分为无重复实验的方差分析和重复正交实验的方差分析。

正交实验的方差分析，常使用下列符号：

$a$ 表示正交表中的列出现同一水平（或数字）数；$b$ 表示正交表中的列出现不同水平（或数字）数，也表示因素的水平数；$n$ 表示正交表中出现不同号实验数（即正交表中行数），且有 $n=ab$；$m$ 表示正交表中的直列数；$y_i$ 表示实验结果，$i=1, 2, \cdots, n$；$K_{ij}$ 表示正交表的第 $j$ 列第 $i$ 水平的水平效应值，它为同水平实验结果之和；$\overline{K}_{ij}$ 表示正交表的第 $j$ 列第 $i$ 水平的水平效应均值，有 $\overline{K}_{ij} = \dfrac{K_{ij}}{a}$。

常使用统计量的计算公式如下：

① 实验结果的总和：

$$T = \sum_{i=1}^{n} y_i \tag{3-77}$$

② 实验结果的平均值：

$$\overline{y} = \frac{1}{n} \sum_{i=1}^{n} y_i \tag{3-78}$$

③ $P$ 统计量：

$$P = \frac{1}{n} \left( \sum_{i=1}^{n} y_i \right)^2 = \frac{T^2}{n} \tag{3-79}$$

④ $Q_j$ 统计量：

$$Q_j = \frac{1}{a}\sum_{i=1}^{b}K_{ij}^2, \ j = 1,2,\cdots,m \tag{3-80}$$

⑤ $W$ 统计量：

$$W = \sum_{i=1}^{n}y_i^2 \tag{3-81}$$

### 3.3.3.1 无重复正交实验的方差分析

正交实验方差分析的基本步骤分为以下几步：

**（1）计算 $K_{ij}$ 与 $T$**

计算正交表各列中的各水平对应实验结果之和 $K_{ij}$（称为水平效应值），计算全部实验结果之和 $T$，填入正交表中。

**（2）计算各偏差平方和**

① 总偏差平方和 $S_T$ 的定义：

$$S_T = \sum_{i=1}^{n}(y_i - \bar{y})^2 \tag{3-82}$$

总偏差平方和 $S_T$ 反映了实验结果的总差异。引起实验结果差异的原因，一是因素水平的变化，二是实验误差，因此差异是不可避免的。

式（3-82）经推导和化简，可得到总偏差平方和的计算公式：

$$S_T = \sum_{i=1}^{n}y_i^2 - \frac{T^2}{n} = \sum_{i=1}^{b}a\left(\frac{K_{ij}}{a} - \bar{y}\right)^2 \tag{3-83}$$

② 列偏差平方和 $S_j$ 是反映列的水平变动所引起实验结果的差异。

式（3-82）经推导和化简，可得到第 $j$ 列的列偏差平方和的计算公式：

$$S_j = \frac{1}{a}\sum_{i=1}^{b}K_{ij}^2 - \frac{T^2}{n} = Q_j - P \tag{3-84}$$

在正交实验中，若将因素 $A$ 排在正交表的第 $j$ 列上，则此因素 $A$ 的偏差平方和 $S_A$ 就是第 $j$ 列的列偏差平方和，即：

$$S_A = S_j = Q_j - P \tag{3-85}$$

因此，要计算某因素的偏差平方和，只要把该因素所在列的偏差平方和计算出来即可。二水平正交实验，计算正交表中的列偏差平方和有简化公式：

$$S_j = \frac{(K_{1j} - K_{2j})^2}{n} \tag{3-86}$$

③ 交互作用的偏差平方和。在正交实验设计时，交互作用作为因素看待，同样需要计算交互作用的偏差平方和。交互作用在正交表中占有几列，其偏差平方和就等于所占比例的偏差平方和之和。例如，设交互作用 $A{\times}B$ 在正交表中占有两列，则交互作用的偏差平方和等于这两列偏差平方和之和，即：

$$S_{A{\times}B} = S_{(A{\times}B)1} + S_{(A{\times}B)2} \tag{3-87}$$

④ 误差平方和计算方法。在正交表上，进行表头设计时，一般要求留有空白列，即误差列。所以误差平方和 $S_E$ 的计算方法是，将正交表中所有空白列所对应的偏差平方和之和

作为误差平方和，即：

$$S_E = \sum S_空 \tag{3-88}$$

式中，$S_空$ 表示正交表上某空白列的偏差平方和，且有 $S_空 = Q_{空列} - P$。

在无重复正交实验中，总偏差平方和还满足下列关系式：

$$S_T = \sum_{j=1}^{m} S_j = \sum S_因 + \sum S_交 + \sum S_空 \tag{3-89}$$

式中，$S_因$ 表示某因素的偏差平方和；$S_交$ 表示某两个因素间的交互作用的偏差平方和。

由式（3-88）和式（3-89），可得到误差平方和的另一种计算方法：

$$S_E = S_T - \left( \sum S_因 + \sum S_交 \right) \tag{3-90}$$

**（3）计算各偏差平方和的自由度**

① 总偏差平方和的自由度为正交表中出现不同号实验数 $n$ 减 1，即：

$$f_T = n - 1 \tag{3-91}$$

② 正交表第 $j$ 列偏差平方和 $S_j$ 对应的自由度 $f_j$ 为该列水平数 $b$ 减 1；若将该列安排因素 $A$，因素 A 的偏差平方和对应的自由度 $f_A$ 就是 $f_j$，则有：

$$f_A = f_j = b - 1 \tag{3-92}$$

③ 交互作用偏差平方和的自由度。两个因素交互作用的偏差平方和对应的自由度有两种计算方法，一是等于两个因素各自偏差平方和对应的自由度之乘积，例如：

$$f_{A \times B} = f_A \times f_B \tag{3-93}$$

二是等于交互作用所占各列的偏差平方和所对应的自由度之和。

④ 误差平方和的自由度。误差平方和的自由度 $f_E$ 等于表中所有空白列的偏差平方和所对应的自由度之和，即有：

$$f_E = \sum f_空 \tag{3-94}$$

式中，$f_空$ 表示某空白列的偏差平方和对应的自由度。

在无重复正交实验中，自由度之间有如下关系式成立：

$$f_T = \sum_{j=1}^{m} f_j = \sum f_因 - \sum f_交 \tag{3-95}$$

**（4）计算各平均偏差平方和**

以因素 $A$ 为例，其平均偏差平方和为：

$$\overline{S}_A = \frac{S_A}{f_A} \tag{3-96}$$

以 $A \times B$ 为例，交互作用的平均偏差平方和为：

$$\overline{S}_{A \times B} = \frac{S_{A \times B}}{f_{A \times B}} \tag{3-97}$$

平均误差平方和为：

$$\overline{S}_E = \frac{S_E}{f_E} \tag{3-98}$$

【注意】计算完平均偏差平方和后，如果某因素或交互作用和平均偏差平方和小于或等于平均误差平方和，说明它们对实验结果影响不大，为次要因素，则应将它们的偏差平方和归入误差平方和，构成新的误差平方和 $S_{E^\Delta}$，此时误差平方和、自由度和平均误差平方和都会发生变化。

**（5）计算 $F$ 值**

将各因素或交互作用的平均偏差平方和除以平均误差平方和，得到 $F$ 值。

例如，因素 $A$ 和交互作用 $A \times B$ 的 $F$ 值分别为：

$$F_A = \frac{\overline{S}_A}{\overline{S}_E}$$

$$F_{A \times B} = \frac{\overline{S}_{A \times B}}{\overline{S}_E} \tag{3-99}$$

**（6）显著性检验**

检验因素 $A$ 对实验结果影响的显著性：

根据显著性水平 $\alpha=0.05$ 和 $\alpha=0.01$，自由度 $n_1 = f_A$ 和 $n_2 = f_E$，可由 $F$ 分布表查出临界值 $F_{0.05}(f_A, f_E)$ 和 $F_{0.01}(f_A, f_E)$。比较 $F$ 值与临界值的大小。

当 $F_A \leqslant F_{0.05}(f_A, f_E)$ 时，则认为因素 A 对实验结果无显著影响；

当 $F_{0.05}(f_A, f_E) < F_A \leqslant F_{0.01}(f_A, f_E)$ 时，则认为因素 A 对实验结果有一般显著影响，记为 "*"；

当 $F_A > F_{0.01}(f_A, f_E)$ 时，则认为因素 A 对实验结果有高度显著影响，记为 "**"；

对其他因素，交互作用 $A \times B$ 等也同样进行显著性检验。

一般来说，$F$ 值与临界值之间的差距越大，说明该因素或交互作用对实验结果的影响越显著，或者说该因素或交互作用越重要。

最后将方差分析结果列在方差分析表中。

### 3.3.3.2　重复正交实验的方差分析

重复实验就是对每个实验重复多次，这样能很好地估计实验误差。重复正交实验的方差分析与无重复正交实验的方差分析基本相同，但有以下几点应注意。

① 将重复实验结果（指标值）$y_{it}(i=1,2,\cdots,n;\ t=1,2,\cdots,c)$ 均列入正交表中的实验结果栏内，并将计算得到的第 $i$ 号实验重复 $c$ 次的实验结果之和 $y_i$ 也列入实验结果栏内，计算公式为：

$$y_i = \sum_{t=1}^{c} y_{it} \tag{3-100}$$

式中，$y_i$ 表示做第 $i$ 号实验重复 $c$ 次的实验结果之和；$c$ 表示做第 $i$ 号实验重复次数；$y_{it}$ 表示第 $i$ 号实验第 $t$ 次重复实验结果。

② 用上式计算出的 $y_i$ 计算正交表中第 $j$ 列的各水平效应值 $K_{1j}, K_{2j}, \cdots, K_{bj}$。

### 3.3.3.3　有关统计量计算公式的更改

有关统计量计算公式要更改为：

实验结果的总和：$T = \sum_{i=1}^{n} \sum_{t=1}^{c} y_{it}$

$P$ 统计量： $P = \dfrac{1}{nc} \left( \displaystyle\sum_{i=1}^{n} \sum_{t=1}^{c} y_{it} \right)^2 = \dfrac{T^2}{nc}$

$Q_j$ 统计量： $Q_j = \dfrac{1}{ac} \displaystyle\sum_{i=1}^{b} K_{ij}^2, \qquad j = 1, 2, \cdots, m$

$W$ 统计量： $W = \displaystyle\sum_{i=1}^{n} \sum_{t=1}^{c} y_{it}^2$

$G$ 统计量： $G = \dfrac{1}{c} \displaystyle\sum_{i=1}^{n} \left( \sum_{t=1}^{c} y_{it} \right)^2$

### 3.3.3.4 计算各因素和交互作用的偏差平方和及对应的自由度

计算总偏差平方和 $S_T$ 及自由度 $f_T$，有如下变化：

$$S_T = W - P = \sum_{i=1}^{n} \sum_{t=1}^{c} y_{it}^2 - \frac{T^2}{nc}$$

$$f_T = nc - 1$$

计算列偏差平方和公式，有如下变化：

$$S_j = Q_j - P = \frac{1}{ac} \sum_{i=1}^{b} K_{ij}^2 - \frac{T^2}{nc}$$

若将因素 $A$ 排在正交表的第 $j$ 列上，则因素 $A$ 的偏差平方和 $S_A$ 为：

$$S_A = S_j = Q_j - P$$

因素 $A$ 的偏差平方和 $S_A$ 对应的自由度仍为：

$$f_A = f_j = b - 1$$

交互作用的偏差平方和仍是它所占各比例的偏差平方和之和。例如，设交互作用 $A \times B$ 在正交表中占有 2 列，则：

$$S_{A \times B} = S_{(A \times B)1} + S_{(A \times B)2}$$

二水平重复正交实验，计算正交表中的列偏差平方和有简化公式：

$$S_j = \frac{\left( K_{1j} - K_{2j} \right)^2}{nc}$$

### 3.3.3.5 误差平方和计算公式及自由度

有重复实验的误差平方和 $S_E$ 由 $S_{E1}$ 和 $S_{E2}$ 两部分组成。$S_{E1}$ 是实验过程中各种干扰引起的实验误差的估计，称为第一类误差平方和。$S_{E2}$ 是同一号实验进行重复实验引起的实验误差的估计，称为第二类误差平方和。把两类误差平方和合并，作为整个实验误差平方和 $S_E$ 的估计，就有：

$$S_E = S_{E1} + S_{E2}$$

整个实验误差平方和合并，作为整个实验误差平方和 $S_E$ 的自由度 $f_E$ 等于 $S_{E1}$ 的自由度 $f_{E1}$ 与 $S_{E2}$ 的自由度 $f_{E2}$ 的和，即：

$$f_E = f_{E1} + f_{E2}$$

第一类误差平方和 $S_{E1}$ 等于表中所有空白列所对应的偏差平方和之和，即：

$$S_{E1} = \sum S_空$$

第一类误差平方和的自由度等于表中所有空白列的偏差平方和所对应的自由度之和，即：

$$f_{E1} = \sum f_空$$

第二类误差平方和的计算公式：

$$S_{E2} = W - G = \sum_{i=1}^{n} \sum_{t=1}^{c} y_{it}^2 - \frac{1}{c} \sum_{i=1}^{n} \left( \sum_{t=1}^{c} y_{it} \right)^2$$

第二类误差平方的自由度为：

$$f_{E2} = n(c-1)$$

在有重复实验中，正交表各列均排满因素，没有空白列，从而无法得到第一类误差平方和的估计。对于这种情况，可以用第二类误差平方和 $S_{E2}$ 作为整个实验误差平方和 $S_E$ 的估计。当某因素或交互作用的平均偏差平方和小于或等于平均误差平方和时，则应将它们的偏差平方和归入误差平方和，构成新的误差平方和 $S_{E^\Delta}$。

有重复正交实验，总偏差平方和 $S_T$ 还满足下面关系式：

$$S_T = \sum_{j=1}^{m} S_j + S_{E2} = \sum S_因 + \sum S_交 + \sum S_空 + S_{E2} \tag{3-101}$$

从上式可得到另一种计算 $S_{E2}$ 的方法：

$$S_{E2} = S_T - \sum S_因 - \sum S_交 - \sum S_空 \tag{3-102}$$

有重复正交实验，总自由度 $f_T$ 还满足下面关系式：

$$f_T = \sum_{j=1}^{m} f_j + f_{E2} = \sum f_因 + \sum f_交 + \sum f_空 + f_{E2} \tag{3-103}$$

从上式可得到另一种计算 $f_{E2}$ 的方法：

$$f_{E2} = f_T - \sum f_因 - \sum f_交 - \sum f_空 \tag{3-104}$$

式（3-101）、式（3-103）用来检验整个计算的正确性，而式（3-102）、式（3-104）用来计算第二类误差平方和 $S_{E2}$ 及其自由度 $f_{E2}$。

# 3.4 实验数据的回归分析

在科学实验中所遇到的变量之间的关系，一般有两种类型：一种是确定性关系，这种关系是指变量之间的关系可以用函数关系来表达，当自变量取一个确定值的时候，因变量（函数）也随着取得一个确定的值；另一种类型是非确定性关系，即相关关系。

变量之间的函数关系和相关关系在一定条件下是可以相互转换的。本来具有函数关系的变量，当存在实验误差时，其函数关系往往以相关关系表现出来。相关关系虽然是不确定的，却有一种统计关系，在大量的观察下，往往会呈现出一定的规律性，这种规律性可以通过实验数据的散点图反映出来，也可以借助相应的函数关系式表达出来，建立的这种函数关系式称为回归函数或回归分析。

回归分析（regression analysis）正是处理变量间相关关系的有力工具。它不仅提供了建立变量关系的数学表达式（通常称为经验公式）的一般方法，而且还可以进行分析，从而能判断所建立经验公式的有效性，以及如何利用经验公式达到预测与控制的目的，因而得到广泛的应用。

回归分析法分为一元线性回归性分析、一元非线性回归分析和二元线性回归分析。

## 3.4.1　一元线性回归分析

一元线性回归性分析（liner regression analysis）主要用于研究一个随机变量同另一个普通变量之间的相关关系。

### （1）建立一元线性回归性方程

设随机变量 $y$ 与普通自变量 $x$ 之间存在线性相关关系，且可近似表示为一元线性函数 $y=a+bx$，那么就可以通过实验数据 $(x_i,y_i)$ $(i=1,2,\cdots,n)$，用最小二乘法求出待定参数 $a$，$b$ 的估计值 $\hat{a}$ 和 $\hat{b}$。

设 $(x_1,y_1),(x_2,y_2),\cdots,(x_n,y_n)$ 是一组实验数据，在直角坐标系中描出相应的点，这种图称为散点图。如果从图上看出这些点大体上在一条直线的两侧附近，则表明 $y$ 与 $x$ 存在某种线性相关的关系，可配置一元线性函数：

$$y=a+bx \tag{3-105}$$

为了使配置的一元线性函数 $y=a+bx$ 所画的直线 $l$ 最接近已知的 $n$ 个实验点，通常用偏差平方和作为度量一条直线 $l$ 与这 $n$ 个实验点接近程度的评价指标。

$$Q(a,b)=\sum_{i=1}^{n}\left[y_i-(a+bx_i)\right]^2 \tag{3-106}$$

用 $Q(a,b)$ 反映 $n$ 个实验点对直线 $l$ 的总偏离程度，这里 $a$ 和 $b$ 为待定参数。显然，只有 $Q(a,b)$ 的值取到最小值时，配置的直线 $l$ 与 $n$ 个实验点的拟合程度才最好，确定出的估计值 $\hat{a}$ 和 $\hat{b}$ 才是我们所需要的。

为使 $Q(a,b)$ 取到最小值，可使用最小二乘法建立偏导数方程组，解此方程组，即可得到待定参数 $a$ 和 $b$ 的估计值 $\hat{a}$ 和 $\hat{b}$（详细推导过程略）。可以验证 $\hat{a}$ 和 $\hat{b}$ 能使 $Q(a,b)$ 取得最小值，从而它们分别是 $a$ 和 $b$ 的最好估计值，进而得到线性函数 $y=a+bx$ 的最好估计式：

$$\hat{y}=\hat{a}+\hat{b}x \tag{3-107}$$

式（3-107）称为 $y$ 对 $x$ 的一元线性回归方程，它的图形是一条直线，称为回归直线；$\hat{y}$ 是对应自变量 $x$ 代入回归方程求得的值，称为回归值；$\hat{a}$ 称为截距；$\hat{b}$ 称为回归系数。

由上可了解建立一元线性回归方程基本步骤：

① 将变量 $y$ 与 $x$ 的实验数据及所需计算填入制得的表中。

② 按以下公式分别行算出 3 个偏差平方和。

偏差平方和 $L_{xy}$：

$$L_{xy} = \sum_{i=1}^{n} (x_i - \overline{x})(y_i - \overline{y}) \tag{3-108}$$

式（3-108）经推导和化简，可得到简便的 $L_{xy}$ 的计算公式：

$$L_{xy} = \sum_{i=1}^{n} x_i y_i - \frac{1}{n} \left( \sum_{i=1}^{n} x_i \right) \left( \sum_{i=1}^{n} y_i \right) \tag{3-109}$$

偏差平方和 $L_{xx}$：

$$L_{xx} = \sum_{i=1}^{n} (x_i - \overline{x})^2 \tag{3-110}$$

式（3-110）经推导和化简，可得到简便的 $L_{xx}$ 的计算公式：

$$L_{xx} = \sum_{i=1}^{n} x_i^2 - \frac{1}{n} \left( \sum_{i=1}^{n} x_i \right)^2 \tag{3-111}$$

偏差平方和 $L_{yy}$：

$$L_{yy} = \sum_{i=1}^{n} (y_i - \overline{y})^2 \tag{3-112}$$

式（3-112）经推导和化简，可得到简便的 $L_{yy}$ 的计算公式：

$$L_{yy} = \sum_{i=1}^{n} y_i^2 - \frac{1}{n} \left( \sum_{i=1}^{n} y_i \right)^2 \tag{3-113}$$

③ 利用公式计算出待定参数 $b$、$a$ 的估计值 $\hat{b}$、$\hat{a}$，并建立回归方程式估计值 $\hat{b}$、$\hat{a}$ 的计算公式为：

$$\hat{b} = \frac{L_{xy}}{L_{xx}} \tag{3-114}$$

$$\hat{a} = \overline{y} - \hat{b}\overline{x} \tag{3-115}$$

用公式计算出的 $\hat{b}$、$\hat{a}$ 值，就是式（3-106）建立的一元线性回归方程 $\hat{y} = \hat{a} + \hat{b}x$ 中的 $\hat{b}$、$\hat{a}$ 值。因此用式（3-114）和式（3-115）计算出 $\hat{b}$、$\hat{a}$ 值，就可建立一元线性回归方程式（3-107）。

【注意】如果某已知的经验公式是 $y = a'x - b'$，与一元线性回归方程表示式 $\hat{y} = \hat{a} + \hat{b}x$ 有区别。为了根据实验数据 $(x_i, y_i)(i = 1, 2, \cdots, n)$，准确求出经验公式中的待定参数 $a'$ 和 $b'$，现根据式（3-114）和式（3-115），求出一元线性回归方程中的 $\hat{b}$ 和 $\hat{a}$；再对经验公式和一元线性回归方程 $\hat{y} = \hat{a} + \hat{b}x$ 进行对比，得到两个等式：$a' = \hat{b}$，$-b' = \hat{a}$，从而求得经验公式 $y = a'x - b'$ 中待定参数 $a'$ 和 $b'$ 值，即 $a' = \hat{b}$，$b' = -\hat{a}$。

**（2）用相关系数检验建立的一元线性回归方程的显著性**

有的情况下，对实验数据 $(x_i, y_i)$ $(i = 1, 2, \cdots, n)$ 作出散点图，画出的实验点分布杂乱、无规律，一看就知道这些点不可能近似在一条直线附近，即 $y$ 与 $x$ 间不存在线性相关关系，但是仍可以应用最小二乘法求得一元线性回归方程 $\hat{y} = \hat{a} + \hat{b}x$。显然这样求得的回归方程没有实际意义。因此，我们有必要对求得回归方程的拟合效果进行检验。一般采用相关系数法进行检验。

相关系数（correlation coefficient）是用于描述变量 $y$ 与 $x$ 的线性相关程度的数字特征，常用 $r$ 表示。设有 $n$ 对实验数据 $(x_i, y_i)$ $(i = 1, 2, \cdots, n)$，则相关系数的定义为：

$$r = \frac{L_{xy}}{\sqrt{L_{xx}L_{yy}}} \tag{3-116}$$

相关系数 $r$ 具有如下性质：a. $0 \leqslant |r| \leqslant 1$。b. $|r|$ 越接近于 1，表示变量 $y$ 与 $x$ 间的线性相关程度就越显著；$|r|=1$，表明变量 $y$ 与 $x$ 完全线性相关；$|r|$ 越接近于零，表示变量 $y$ 与 $x$ 间的线性相关程度就越差；$|r|=0$，表明变量 $y$ 与 $x$ 不具有线性相关关系。

变换式 (3-116)，并应用公式 (3-113)，可得：

$$r = \frac{L_{xy}}{\sqrt{L_{xx}L_{yy}}} = \frac{L_{xy}}{L_{xx}}\sqrt{\frac{L_{xx}}{L_{yy}}} = \hat{b}\sqrt{\frac{L_{xx}}{L_{yy}}} \tag{3-117}$$

所以 $r$ 与 $\hat{b}$ 有相同的符号。

相关系数检验法基本步骤

① 利用式 (3-116)，计算出相关系数 $r$。

② 根据显著性水平 $\alpha = 0.05$ 和 $\alpha = 0.01$，及 $m=1$、$n-m-1=n-2$ 的值，查相关系数临界值表，得临界值 $r_{0.05}(n-2)$ 和 $r_{0.01}(n-2)$。

在这里，$n$ 表示实验次数，$m$ 表示自变量个数，对一元线性回归方程，$m=1$。

③ 判断

当 $|r| \leqslant r_{0.05}(n-2)$ 时，变量 $y$ 与 $x$ 间线性相关不显著，说明建立的回归方程是不显著的；

当 $r_{0.05}(n-2) < |r| \leqslant r_{0.01}(n-2)$ 时，变量 $y$ 与 $x$ 间线性相关一般显著，说明建立的回归方程是一般显著的；

当 $|r| > r_{0.01}(n-2)$ 时，变量 $y$ 与 $x$ 间线性相关高度显著，说明建立的回归方程是高度显著的。

### （3）一元线性回归方程的精度估计

如果两个变量 $y$ 与 $x$ 之间是相关关系，不能由 $x$ 的值准确地知道实验值 $y$ 的值。虽然可由建立的回归方程求得回归值 $\hat{y}$，用回归值 $\hat{y}$ 作为实验值 $y$ 的估计值，其偏差的大小就是回归方程的精度问题。可以用残差标准差（也称为剩余标准差）衡量一元线性回归方程的精度，或表示求得回归直线的精度。

残差标准差的定义：

$$S_{残} = \sqrt{\frac{Q_e}{n-2}} = \frac{1}{n}\sqrt{\frac{1}{n-2}\sum_{i=1}^{n}(y_i - \hat{y}_i)^2} \tag{3-118}$$

式中的 $Q_e$ 称为残差平方和，又称为剩余平方和，其定义为：

$$Q_e = \sum_{i=1}^{n}(y_i - \hat{y}_i)^2 \tag{3-119}$$

式中，$n$ 表示实验次数；$y_i$ 表示实验值；$\hat{y}_i$ 表示通过一元线性回归方程求得的回归值，即：

$$\hat{y}_i = \hat{a} + \hat{b}x_i$$

计算一元线性回归方程的残差标准差也可使用下面公式：

$$S_{残} = \sqrt{\frac{(1-r^2)L_{yy}}{n-2}} \tag{3-120}$$

式中，$r$ 表示相关系数；$L_{yy}$ 表示偏差平方和，可用式（3-112）来计算。

残差标准差越小，即实验值 $y_i$ 与相对应的回归值 $\hat{y}_i$ 的偏差平方和越小，表示各实验点越靠近回归直线，建立的一元线性回归方程的精度越高；残差标准差越大，表示各实验点在回归直线上下分散得远，建立的一元线性回归方程的精度越差。

**（4）实验值的预报值和预报区间**

对任一给定的 $x_0$，推测相应的实验值 $y_0$ 取何值及大致在什么范围，就是预报值及预报区间问题。

① 一般情况下，预报值及预报区间的估计。在 $x = x_0$ 处，通过回归方程求得回归值 $\hat{y}_0 = \hat{a} + \hat{b}x_0$，$\hat{y}_0$ 作为相应的实验值 $y_0$ 的预报值。

对于给定的显著性水平 $\alpha$ 及自由度 $n-2$（$n$ 为实验次数），可通过查 $t$ 分布表得临界值 $t_{\frac{\alpha}{2}}(n-2)$，进而计算出残差标准差 $S_{残}$；

在 $x = x_0$ 处，相应的实验值 $y_0$ 的数率为 $100(1-\alpha)\%$ 的预报区间为：

$$\left[ y_0 \pm t_{\frac{\alpha}{2}}(n-2)S_{残}\sqrt{1+\frac{1}{n}+\frac{(x_0-\overline{x})^2}{L_{xx}}} \right] \tag{3-121}$$

② 预报区间的简单估计。当实验次数 $n$ 比较大，且取值 $x_0$ 与 $\overline{x}$ 不远时，在 $x = x_0$ 处，相应的实验值 $y_0$ 的预报区间可简单估计：概率为 68.3%，$y_0$ 的预报区间为 $(\hat{y}_0 \pm S_{残})$；概率为 95.4%，$y_0$ 的预报区间为 $(\hat{y}_0 \pm 2S_{残})$；概率为 99.7%，$y_0$ 的预报区间为 $(\hat{y}_0 \pm 3S_{残})$。

## 3.4.2 非线性回归分析

在许多问题中，变量之间的关系并不是线性相关关系，这时就应该考虑采用非线性回归分析（nonlinear regression analysis）。通过适当的变换，可将非线性回归问题转化为线性回归问题，其具体步骤如下：

① 根据实验数据 $(x_1, y_1)、(x_2, y_2)、\cdots、(x_n, y_n)$，在直角坐标系中绘出相应的点，得到散点图；

② 根据散点图的分布形状，推测 $y$ 与 $x$ 之间非线性相关关系的函数关系 $y = f(x)$，式中含有待定参数；

③ 选择适当的变量变换，使之变成线性关系式；

④ 用线性回归方法求出线性回归方程；

⑤ 确定出待定参数的估计值，得到要求的回归方程，也可将求出的线性回归方程返回原变量，得到要求的回归方程。

**（1）可化为一元线性回归的问题**

对于双曲线 $\frac{1}{y} = a + \frac{b}{x}(a>0)$，令 $y' = \frac{1}{y}$、$x' = \frac{1}{x}$，则可化为线性方程 $y' = a + bx'$，即可按线性回归方法计算出待定参数 $a$、$b$ 的估计值 $\hat{a}$、$\hat{b}$，从而确定双曲线函数中待定参数 $a$、$b$ 的估计值 $\hat{a}$、$\hat{b}$。

对于幂函数 $y = dx^b (d > 0 、 x > 0)$ ，可将两边取常用对数，则有 $\lg y = \lg d + b \lg x$ 。令 $y' = \lg y$ 、 $a = \lg d$ 、 $x' = \lg x$ ，则可化为线性方程 $y' = a + bx'$ ，即可按线性回归方法计算出待定参数 $a$ 、 $b$ 的估计值 $\hat{a}$ 、 $\hat{b}$ ，再由关系式 $\hat{a} = \lg \hat{d}$ ，可得 $\hat{d}$ 值，从而确定幂函数中待定参数 $d$ 、 $b$ 的估计值 $\hat{d}$ 、 $\hat{b}$ 。

对于指数函数 $y = de^{bx} (d > 0)$ ，可将两边取自然对数，则有 $\ln y = \ln d + bx$ 。令 $y' = \ln y$ 、 $a = \ln d$ ，则可化为线性方程 $y' = a + bx$ ，即可按线性回归方法计算出待定参数 $a$ 、 $b$ 的估计值 $\hat{a}$ 、 $\hat{b}$ ，再由关系式 $\hat{a} = \ln \hat{d}$ ，可得 $\hat{d}$ 值，从而确定指数函数中待定参数 $d$ 、 $b$ 的估计值 $\hat{d}$ 、 $\hat{b}$ 。

对于倒指数函数 $y = de^{\frac{b}{x}} (d > 0)$ ，可将两边取自然对数，则有 $\ln y = \ln d + \frac{b}{x}$ 。令 $y' = \ln y$ 、 $a = \ln d$ 、 $x' = \frac{1}{x}$ ，则可化为线性方程 $y' = a + bx$ ，即可按线性回归方法计算出待定参数 $a$ 、 $b$ 的估计值 $\hat{a}$ 、 $\hat{b}$ ，再由关系式 $\hat{a} = \ln \hat{d}$ 可得 $\hat{d}$ 值，从而确定倒指数函数中待定参数 $d$ 、 $b$ 的估计值 $\hat{d}$ 、 $\hat{b}$ 。

对于对数函数 $y = a + b \ln x$ ，令 $x' = \ln x$ ，则可化为线性方程 $y = a + bx$ ，然后按线性回归方法计算出待定参数 $a$ 、 $b$ 的估计值 $\hat{a}$ 、 $\hat{b}$ ，从而确定出对数函数中待定参数 $a$ 、 $b$ 的估计值 $\hat{a}$ 、 $\hat{b}$ 。

对于 S 形曲线 $y = \frac{1}{a + be^{-x}}$ $(a > 0, b > 0)$ ，直接作倒数变换，则有 $\frac{1}{y} = a + be^{-x}$ 。令 $y' = \frac{1}{y}$ 、 $x' = e^{-x}$ ，则可化为线性方程 $y' = a + bx'$ ，即可按线性回归方法计算出待定参数 $a$ 、 $b$ 的估计值 $\hat{a}$ 、 $\hat{b}$ ，从而确定了 S 形曲线中待定参数 $a$ 、 $b$ 的估计值 $\hat{a}$ 、 $\hat{b}$ 。

**（2）检验建立的回归方程的显著性**

① 用相关系数 $r$ 检验建立的一元线性回归方程的显著性。建立一元非线性回归方程（曲线回归方程），需要选择适当的变量变换，先建立一个一元线性回归方程 $\hat{y}' = \hat{b}x' + \hat{a}$ ，因此应对该回归方程的拟合效果进行显著性检验。

可以利用变换后的变量 $y'$ 与 $x'$ 之间的相关系数 $r$ 来检验 $y'$ 与 $x'$ 之间线性关系的密切程度：

$$r = \frac{L_{x'y'}}{\sqrt{L_{x'x'} L_{y'y'}}} \tag{3-122}$$

根据 $r$ 值，检验建立的一元线性回归方程的显著性。

② 用曲线相关指数 $R_{xy}^2$ 检验建立的曲线回归方程的显著性。在一元非线性回归中，为了表明所配曲线与实际观测值之间拟合的密切程度，需要有检验建立的曲线回归方程显著性的数字特征，可用曲线相关指数来检验，其定义如下：

$$R_{xy}^2 = 1 - \frac{\sum_{i=1}^{n} (y_i - \hat{y}_i)^2}{\sum_{i=1}^{n} (y_i - \overline{y}_i)^2} \tag{3-123}$$

通常称 $R_{xy}^2$ 为曲线相关指数，称 $R_{xy}$ 为曲线相关系数。当 $R$ 越接近 1，则所配的曲线效果越好，求得曲线回归方程有使用价值。

（3）一元非线性回归方程的精度估计

可用残差标准差（也称为剩余标准差）衡量曲线回归方程的精度，或表示求得回归曲线的精度。

$$S_{残} = \sqrt{\frac{Q_e}{n-2}} = \sqrt{\frac{1}{n-2}\sum_{i=1}^{n}(y_i - \hat{y}_i)^2} \tag{3-124}$$

式中，$Q_e = \sum_{i=1}^{n}(y_i - \hat{y}_i)^2$ 称为残差平方和，又称为剩余平方和；$\hat{y}_i$ 表示通过曲线回归方程所得的回归值，例如 $\hat{y}_i = \hat{a}x_i^{\hat{b}}$。

残差标准差越小，即实验值 $y_i$ 与相对应的回归值 $\hat{y}_i$ 的偏差平方和越小，表示各实验点越靠近回归曲线，建立的曲线回归方程的精度越高；残差标准差越大，表示各实验点在回归曲线上下分散得远，建立的曲线回归方程的精度越差。

如果散点图所反映出的变量 $y$ 与 $x$ 之间的关系和几个函数类型都相近，即确定不出来选择哪种函数类型更好，则可以作出几个曲线回归方程，用残差标准差作为衡量曲线回归方程的精度。通过比较，选用残差标准差最小的曲线回归方程，用它来反映变量 $y$ 与 $x$ 之间的相关关系。

（4）实验值的预报值和预报区间

由于曲线回归方程不是直接求得的，要找出一种好的计算方法求实验值的预报区间，有一定难度。对此，可参照下述方法计算非线性回归的预报区间。

在 $x = x_0$ 处，通过曲线回归方程求得相应的预报值 $\hat{y}_0$，$\hat{y}_0 = \hat{a}x_0^{\hat{b}}$，计算出曲线回归方程的残差标准差 $S_{残}$。当实验次数 $n$ 比较大，且取值 $x_0$ 与 $\bar{x}$ 不远时，在 $x = x_0$ 处，相应的实验值 $y_0$ 的预报区间可简单估计为：概率为 68.3%，$y_0$ 的预报区间为 $(\hat{y}_0 \pm S_{残})$；概率为 95.4%，$y_0$ 的预报区间为 $(\hat{y}_0 \pm 2S_{残})$；概率为 99.7%，$y_0$ 的预报区间为 $(\hat{y}_0 \pm 3S_{残})$。

## 3.4.3 二元线性回归分析

对于一个随机变量与两个普通变量之间的相关关系，可采用二元线性回归分析（two-liner regression analysis）

（1）建立二元线性回归方程

设随机变量 $y$ 与两个普通变量 $x_1$、$x_2$ 之间存在线性相关关系，可近似表示为二元线性函数关系式：

$$y = b_0 + b_1x_1 + b_2x_2$$

式中，$b_0$、$b_1$、$b_2$ 为待定参数。

通过实验可以得到 $n$ 组实验数据：$(x_{i1}, x_{i2}, y_i)$，$1 \leqslant i \leqslant n$。

为了使配置的二元线性函数 $y = b_0 + b_1x_1 + b_2x_2$ 所画出的平面最接近 $n$ 个实验点 $(x_{i1}, x_{i2}, y_i)$，需要有反映 $n$ 个点与平面方程接近程度的量化指标，通常用偏差平方和 $Q(b_0, b_1, b_2)$ 作为评价指标反映 $n$ 个实验点对配置平面的总偏离程度：

$$Q(b_0, b_1, b_2) = \sum_{i=1}^{n}\left[y_i - (b_0 + b_1x_{i1} + b_2x_{i2})\right]^2 \tag{3-125}$$

显然，只有 $Q(b_0, b_1, b_2)$ 的值取到最小值时，配置的平面与 $n$ 个实验点拟合程度才最好，确定出估计值 $b_0$、$b_1$ 和 $b_2$ 才是我们所需要的。为了使 $Q(b_0, b_1, b_2)$ 取到最小值，可使用最小二乘法，建立偏导数方程组，解此方程组，即可得到待定参数 $b_0$、$b_1$ 和 $b_2$ 的估计值。可以验证 $b_0$、$b_1$ 和 $b_2$ 能使 $Q(b_0, b_1, b_2)$ 取得最小值，从而它们分别是 $b_0$、$b_1$ 和 $b_2$ 的最好估计值，进而得到线性函数 $y = b_0 + b_1 x_1 + b_2 x_2$ 的最好估计式：

$$\hat{y} = \hat{b_0} + \hat{b_1} x_1 + \hat{b_2} x_2 \tag{3-126}$$

式（3-126）称为 $y$ 关于 $x_1$、$x_2$ 的二元线性回归方程，它的图形是一个平面，称为回归平面，其中 $\hat{b_1}$、$\hat{b_2}$ 称为回归系数，$\hat{b_0}$ 称为常数项。

建立二元线性回归方程的基本步骤：

① 列表计算。自变量 $x_1$ 取一组数据 $x_{11}, x_{21}, \cdots, x_{n1}$，其均值为 $\overline{x}_1$；自变量 $x_2$ 取一组数据 $x_{12}, x_{22}, \cdots, x_{n2}$，其均值为 $\overline{x}_2$；相应的实验数据为 $y_1, y_2, \cdots, y_n$，其均值为 $\overline{y}$。

将以上数据及所需的计算填入制得的表中。

② 利用公式计算出各偏差平方和。

偏差平方和 $L_{x_1 x_1}$：

$$L_{x_1 x_1} = \sum_{i=1}^{n} (x_{i1} - \overline{x}_1)^2 \tag{3-127}$$

式（3-127）经推导和化简，可得到简便的 $L_{x_1 x_1}$ 的计算公式：

$$L_{x_1 x_1} = \sum_{i=1}^{n} x_{i1}^2 - \frac{1}{n} \left( \sum_{i=1}^{n} x_{i1} \right)^2 \tag{3-128}$$

偏差平方和 $L_{x_2 x_2}$：

$$L_{x_2 x_2} = \sum_{i=1}^{n} (x_{i2} - \overline{x}_2)^2 \tag{3-129}$$

式（3-129）经推导和化简，可得到简便的 $L_{x_2 x_2}$ 的计算公式：

$$L_{x_2 x_2} = \sum_{i=1}^{n} x_{i2}^2 - \frac{1}{n} \left( \sum_{i=1}^{n} x_{i2} \right)^2 \tag{3-130}$$

偏差平方和 $L_{x_1 x_2}$ 和 $L_{x_2 x_1}$：

$$L_{x_1 x_2} = L_{x_2 x_1} = \sum_{i=1}^{n} (x_{i1} - \overline{x}_1)(x_{i2} - \overline{x}_2) \tag{3-131}$$

式（3-131）经推导和化简，可得到简便的 $L_{x_1 x_2}$ 和 $L_{x_2 x_1}$ 的计算公式：

$$L_{x_1 x_2} = L_{x_2 x_1} = \sum_{i=1}^{n} x_{i1} x_{i2} - \frac{1}{n} \left( \sum_{i=1}^{n} x_{i1} \right) \left( \sum_{i=1}^{n} x_{i2} \right) \tag{3-132}$$

偏差平方和 $L_{x_1 y}$：

$$L_{x_1 y} = \sum_{i=1}^{n} (x_{i1} - \overline{x}_1)(y_i - \overline{y}) \tag{3-133}$$

式（3-132）经推导和化简，可得到简便的 $L_{x_1 y}$ 的计算公式：

$$L_{x_1 y} = \sum_{i=1}^{n} x_{i1} y_i - \frac{1}{n} \left( \sum_{i=1}^{n} x_{i1} \right) \left( \sum_{i=1}^{n} y_i \right) \tag{3-134}$$

偏差平方和 $L_{x_2 y}$：

$$L_{x_2 y} = \sum_{i=1}^{n} (x_{i2} - \overline{x}_2)(y_i - \overline{y}) \tag{3-135}$$

式（3-135）经推导和化简，可得到简便的 $L_{x_2 y}$ 的计算公式：

$$L_{x_2 y} = \sum_{i=1}^{n} x_{i2} y_i - \frac{1}{n}\left(\sum_{i=1}^{n} x_{i2}\right)\left(\sum_{i=1}^{n} y_i\right) \tag{3-136}$$

偏差平方和 $L_{yy}$：

$$L_{yy} = \sum_{i=1}^{n} (y_i - \overline{y})^2 \tag{3-137}$$

式（3-137）经推导和化简，可得到简便的 $L_{yy}$ 的计算公式：

$$L_{yy} = \sum_{i=1}^{n} y_i^2 - \frac{1}{n}\left(\sum_{i=1}^{n} y_i\right)^2 \tag{3-138}$$

③ 建立方程组。求得回归系数 $\hat{b}_1$、$\hat{b}_2$，建立二元线性方程组为：

$$\begin{cases} L_{x_1 x_1} \hat{b}_1 + L_{x_1 x_2} \hat{b}_2 = L_{x_1 y} \\ L_{x_2 x_1} \hat{b}_1 + L_{x_2 x_2} \hat{b}_2 = L_{x_2 y} \end{cases} \tag{3-139}$$

解方程组，得到回归系数 $\hat{b}_1$、$\hat{b}_2$：

$$\hat{b}_1 = \frac{L_{x_1 y} L_{x_2 x_2} - L_{x_2 y} L_{x_1 x_2}}{L_{x_1 x_1} L_{x_2 x_2} - L_{x_1 x_2} L_{x_2 x_1}} \tag{3-140}$$

$$\hat{b}_2 = \frac{L_{x_2 y} L_{x_1 x_1} - L_{x_1 y} L_{x_2 x_1}}{L_{x_1 x_1} L_{x_2 x_2} - L_{x_1 x_2} L_{x_2 x_1}} \tag{3-141}$$

④利用公式计算出常数项 $\hat{b}_0$。

$$\hat{b}_0 = \overline{y} - \hat{b}_1 \overline{x}_1 - \hat{b}_2 \overline{x}_2 \tag{3-142}$$

式中，$\overline{y} = \dfrac{1}{n}\sum_{i=1}^{n} y_i$；$\overline{x}_1 = \dfrac{1}{n}\sum_{i=1}^{n} x_{i1}$；$\overline{x}_2 = \dfrac{1}{n}\sum_{i=1}^{n} x_{i2}$。

⑤ 建立二元线性回归方程。在得到 $\hat{b}_0$、$\hat{b}_1$ 和 $\hat{b}_2$ 的值后，建立二元线性回归方程式，即：

$$\hat{y} = \hat{b}_0 + \hat{b}_1 x_1 + \hat{b}_2 x_2$$

**（2）用复相关系数检验建立的二元线性回归方程的显著性**

类似于一元线性回归的相关系数 $r$，在二元线性回归分析中，复相关系数（multiple correlation coefficient）$R$ 是反映一个变量 $y$ 与两个变量 $x_1$、$x_2$ 之间线性相关关系程度的数字特征，其定义为：

$$R = \sqrt{\frac{\hat{b}_1 L_{x_1 y} + \hat{b}_2 L_{x_2 y}}{L_{yy}}} \tag{3-143}$$

$0 \leqslant R \leqslant 1$，$R$ 值越接近 1，表明 $y$ 与 $x_1$、$x_2$ 之间存在的线性相关程度越密切，显著性程度越高；$R$ 值越接近 0，表明 $y$ 与 $x_1$、$x_2$ 之间存在线性相关程度越不密切，显著性程度越差。

复相关系数检验法基本步骤如下：

① 应用公式（3-143），计算出复相关系数 $R$。

② 根据显著性水平 $\alpha=0.05$ 和 $\alpha=0.01$，及 $m=2$、$n-m-1=n-3$ 的值，查相关系数临界值表，得临界值 $R_{0.05}(n-3)$ 和 $R_{0.01}(n-3)$。其中，$n$ 表示实验次数；$m$ 表示自变量个数，对于二元线性回归方程，$m=2$。

③ 判断。$R \leqslant R_{0.05}(n-3)$ 时，变量 $y$ 与 $x_1$、$x_2$ 间线性相关不显著，说明建立的回归方程是不显著的；

$R_{0.05}(n-3) < R \leqslant R_{0.01}(n-3)$ 时，变量 $y$ 与 $x_1$、$x_2$ 间线性相关一般，说明建立的回归方程是一般显著的；

当 $R > R_{0.01}(n-3)$ 时，变量 $y$ 与 $x_1$、$x_2$ 间线性相关高度显著，说明建立的回归方程是高度显著的。

**（3）二元线性回归方程的精度估计**

一般用残差标准差（也称为剩余标准差）来衡量二元线性回归方程的精度，或表示求得回归平面的精度，其定义为：

$$S_{残} = \sqrt{\frac{Q_e}{n-3}} = \sqrt{\frac{1}{n-3}\sum_{i=1}^{n}(y_i - \hat{y}_i)^2} \tag{3-144}$$

式中，$Q_e = \sum_{i=1}^{n}(y_i - \hat{y}_i)^2$ 称为残差平方和，又称剩余平方和；$\hat{y}_i$ 表示通过二元线性回归方程所得的回归值，即 $\hat{y}_i = \hat{b}_0 + \hat{b}_1 x_{i1} + \hat{b}_2 x_{i2}$。

计算二元线性回归方程的残差标准差经常使用下面公式：

$$S_{残} = \sqrt{\frac{L_{yy} - \hat{b}_1 L_{x_1 y} - \hat{b}_2 L_{x_2 y}}{n-3}} \tag{3-145}$$

残差标准差越小，即实验值 $y_i$ 与相对应的回归值 $\hat{y}_i$ 的偏差平方和越小，表示各实验点越靠近回归平面，建立的二元线性回归方程的精度越高；残差标准差越大，表示各实验点在回归平面上下分散得远，建立的二元线性回归方程的精度越差。

**（4）实验值的预报值和预报区间**

二元线性回归的预报是：当 $x_1 = x_{01}$、$x_2 = x_{02}$ 时，推测相应的实验值 $y_0$ 取何值及大致在什么范围。

① 预报值和预报区间的计算。当给定的 $x_{01}$、$x_{02}$ 与 $\overline{x}_1$、$\overline{x}_2$ 很接近时，在 $x_1 = x_{01}$、$x_2 = x_{02}$ 处，通过回归方程求得回归值 $\hat{y}_0 = \hat{b}_0 + \hat{b}_1 x_{01} + \hat{b}_2 x_{02}$，$\hat{y}_0$ 作为相应的实验值 $y_0$ 的预报值。

给定显著性水平 $\alpha$，可按自由度 $n-3$（$n$ 为实验次数），用从 $t$ 分布表查出的临界值 $t_{\frac{\alpha}{2}}(n-3)$ 计算出残差标准差 $S_{残}$。

在 $x_1 = x_{01}$、$x_2 = x_{02}$ 处，相应的实验值 $y_0$ 的概率为 $100(1-\alpha)\%$ 的预报区间估计为：

$$\left[\hat{y}_0 \pm t_{\frac{\alpha}{2}}(n-3)S_{残}\sqrt{1+\frac{1}{n}}\right] \tag{3-146}$$

② 预报区间的简单估算

当实验次数 $n$ 很大时，且 $x_{01}$、$x_{02}$ 与面 $\overline{x}_1$、$\overline{x}_2$ 很接近时，在 $x_1 = x_{01}$、$x_2 = x_{02}$ 处，相应的实验值 $y_0$ 的预报区间可简单估计如下：概率为 68.3%，$y_0$ 的预报区间为 $(\hat{y}_0 \pm S_{残})$；概率为 95.4%，$y_0$ 的预报区间为 $(\hat{y}_0 \pm 2S_{残})$；概率为 99.7%，$y_0$ 的预报区间为 $(\hat{y}_0 \pm 3S_{残})$。

**（5）因素对实验结果影响的分析**

在二元线性回归中，两个因素对实验结果的影响是不同的，当判断哪个因素更重要，对实验结果的影响更大时，一般可采用以下四种判断方法。

① "标准回归系数"的绝对值比较法。标准回归系数 $B_i$ 的定义为：

$$B_1 = \hat{b}_1 \sqrt{\frac{L_{x_1 x_1}}{L_{yy}}} \tag{3-147}$$

$$B_2 = \hat{b}_2 \sqrt{\frac{L_{x_2 x_2}}{L_{yy}}} \tag{3-148}$$

比较 $|B_1|$ 和 $|B_2|$，哪个值大，则哪个值对应的因素就越重要。

② "偏回归平方和"比较法。偏回归平方和是描述偏相关关系程度的特征量，其定义为：

$$P_1 = \hat{b}_1^2 \left( L_{x_1 x_1} - \frac{L_{x_1 x_2}^2}{L_{x_2 x_2}^2} \right) \tag{3-149}$$

$$P_2 = \hat{b}_2^2 \left( L_{x_2 x_2} - \frac{L_{r_1 r_2}^2}{L_{x_1 x_1}^2} \right) \tag{3-150}$$

比较 $P_1$ 和 $P_2$ 值的大小，大者为主要因素，小者为次要因素。

③ $T$ 值判断法。在二元线性回归中，分析因素 $x_i$ 对实验结果 $y$ 影响的大小，也可以用 $T$ 值判断法，其定义为：

$$T_i = \frac{\sqrt{P_i}}{S_{残}} \quad (i=1,2) \tag{3-151}$$

式中，$T_i$ 为因素 $x_i$ 的 $T$ 值；$P_i$ 表示偏回归平方和，由式（3-149）、式（3-150）求得；$S_{残}$ 表示残差标准差，由式（3-145）求得。$T_i$ 值越大，认为因素 $x_i$ 越重要。

根据实践经验，可得如下结论：当 $T_i \leqslant 1$ 时，认为因素 $x_i$ 对实验结果 $y$ 影响不大，可将它从回归方程中剔除；当 $1 < T_i < 2$ 时，则认为因素 $x_i$ 对实验结果 $y$ 有一定的影响，应在回归方程中保留；当 $T_i > 2$ 时，则认为因素 $x_i$ 对实验结果 $y$ 有重要影响，$x_i$ 为重要因素。

④ $t$ 检验法

用 $t$ 检验法来判断因素 $x_i$ 的重要程度，精确程度更高一些。

根据给定的显著性水平 $\alpha$ 及自由度 $n-3$（$n$ 为实验次数），查 $t$ 分布表，得临界值 $t_{\frac{\alpha}{2}}(n-3)$；利用式（3-151）计算出 $T_i$ 值。

当 $T_i > t_{\frac{\alpha}{2}}(n-3)$ 时，则认为因素 $x_i$ 对实验结果 $y$ 有显著影响；当 $T_i \leqslant t_{\frac{\alpha}{2}}(n-3)$ 时，则认为因素 $x_i$ 对实验结果 $y$ 无显著影响，可将因素 $x_i$ 从回归方程中去掉，以简化回归方程。

总之，"标准回归系数"的绝对值 $|B_i|$ 和 "偏回归平方和" $P_i (i=1,2)$ 用于比较 $x_1$、$x_2$ 在回归方程中的主次地位，找出主要因素；而通过 $T$ 值的计算，决定次要因素是否应从回归方程中剔除。

第4章

# 实验设备与仪器

所有实验工作的进行，都离不开相关的实验设备与仪器。实验目的不同，要解决的问题不同，所需的实验设备与仪器也当然不同。对于能源与环境工程专业而言，开设实验的主要目的是让学生了解各种有机废弃物的无害化处理与能源化利用技术，通过实践培养学生解决工程实践问题的能力。

有机废弃物无害化与能源化利用大多都是在高温条件下进行的，因此相关实验对设备与仪器均有较高的要求。

# 4.1 实验设备

实验设备的作用主要是为实验的进行创造物质条件和工艺条件。鉴于能源与环境工程专业实验的需要，根据所起的作用，实验设备可大致分为输送用设备、破碎用设备、反应用设备、分离用设备、加热用设备。

## 4.1.1 输送用设备

输送用设备在实验过程中的主要作用是输送物料。液态物料均用泵输送，气态物料则是采用风机输送。

### (1) 泵

泵是将原动机的机械能转换成流体能量的机器或机械，可用来增加液体的位能、压力能、动能（高速液流），从而实现液体输送或提高液体压力。泵的类型很多，根据泵的工作原理和结构形式，可将泵分为速度式泵和容积式泵两大类。

① 速度式泵：是依靠快速旋转的叶轮对液体的作用力而将机械能传递给液体，使其动能和压力能增加，再通过泵壳将大部分动能转变成压力能以实现流体输送的一种设备。速度式泵又称叶轮式泵或叶片式泵，包括离心泵、旋涡泵和特殊泵。

离心泵是最常见的动力式泵。根据液体的流动形式，离心泵又分为轴流泵、径流泵和混流泵三类，另外还有射流泵和气体升液泵。特殊泵主要有喷射泵、气提泵、电磁泵、屏蔽泵和潜水泵等。

② 容积式泵：依靠工作元件在泵缸内做往复或回转运动，使泵室容积交替地增大或缩小以实现液体的吸入和排出，如活塞泵、柱塞泵、齿轮泵、螺杆泵等。容积式泵的吸入侧和排出侧需严密隔开。

泵的类型应根据装置的工艺参数、输送介质的物理和化学性质、操作周期和泵的结构特征等因素合理选择。当泵类型确定后，就可根据工艺参数和介质特性来选择泵的系列和材料，再根据泵生产厂家提供的样本及有关资料确定泵的型号（即规格）。

各类泵的使用方法及注意事项可参见出厂随带的产品使用说明书。

**（2）风机**

风机是利用叶轮和其他形式的高速转子来提升气体压力并输送气体的设备，主要用于排气、冷却、输送、鼓气等操作。在能源与环境工程专业实验中，使用较多的是离心式风机、轴流式风机、罗茨式风机等。

风机选型和设计时，通常根据风机的运行要求，初选一个转速，经反复计算，最终确定风机的转速。选择转速的原则是所选用风机的几何尺寸不宜太大，叶轮的圆周速度不要太高，如不合适，可以根据计算结果重新调整计算。风机由电动机直接驱动时，转速的选择还要考虑电机的额定转速。

## 4.1.2 破碎用设备

从化学反应动力学角度来看，有固体物料参加的反应，为了提高过程的反应速率，一般要求物料粒径应尽可能小，即成为粉体。然而，自然界中几乎不可能存在天然的粉体，对于实验中所用的固体原料而言，不管其来源如何，都不可能直接达到反应过程对原料粒径的要求，因此需对原料进行不同程度的粉碎，使其达到一定的粒径要求。物料经粉碎后，比表面积增加，可提高化学反应速率和物理作用效果；几种不同固体物料的混合，在细粉状态下易达到均匀的效果；物料经粉碎后，便于干燥、传热、储存和运输。

根据处理物料尺寸大小的不同，可将粉碎分为破碎和粉磨两个阶段。将大块物料破裂成小块物料的过程称为破碎；小块物料磨成细粉的过程称为粉磨。通常按以下方法进一步划分：a.粗碎：将物料破碎到 100mm 左右；b.中碎：将物料破碎到 30mm 左右；c.细碎：将物料破碎到 3mm 左右；d.粗磨：将物料粉磨到 0.1mm 左右；e.细磨：将物料粉磨到 60μm 左右；f.精磨：将物料粉磨到 5μm 或更小。

**（1）破碎机**

破碎机的作用是将大块物料破碎成小块物料。

由于物料的性质以及要求的破碎细度不同，破碎的方式也不同。按施加外力作用方式的不同，物料破碎一般通过挤压、冲击、磨削和劈裂几种方式进行，各种破碎设备的工作也多以这几种原理为主。

按结构和工作原理不同，破碎机的种类很多，可分为如图 4-1 所示的几种类型。

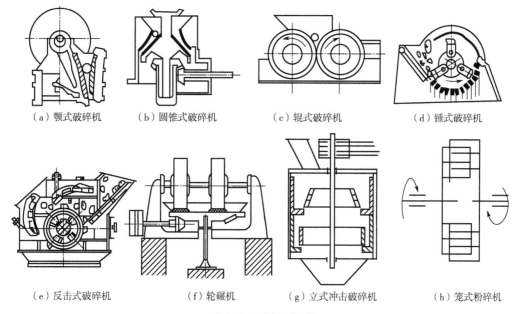

|(a)颚式破碎机|(b)圆锥式破碎机|(c)辊式破碎机|(d)锤式破碎机|

|(e)反击式破碎机|(f)轮碾机|(g)立式冲击破碎机|(h)笼式粉碎机|

图4-1　破碎机类型

各种粉碎机械的粉碎比均有一定的范围，应根据物料粉碎前后的平均粒径之比（称为粉碎比）进行合理选择。各种破碎设备的使用方法及注意事项可参见出厂随带的产品使用说明书。

**（2）粉磨机**

粉磨机的作用是将由破碎机破碎成的小块物料进一步磨成粉状物料，一方面增加物料的表面积，另一方面使各种物料混合均匀，促进以后实验过程的顺利进行。

由于物料被粉磨的方式不同，是否采用研磨介质以及磨机结构、磨机运动方式、操作方法和生产特点等不同，粉磨设备也各式各样，有的彼此差别还很大。一般常见的有球磨、棒磨、立式磨（辊磨）、自磨磨机、辊压机、陶瓷磨等粉磨设备，有时还需使用振动磨、气力磨等超细磨设备。

粉磨设备的种类很多，必须在了解粉磨作业的前提下，根据物料的性质、入料粒度和出磨产品的细度要求，合理选择粉磨工艺流程和粉磨设备。

各种粉磨设备的使用方法及注意事项可参见出厂随带的产品使用说明书。

## 4.1.3　反应用设备

反应用设备是能源与环境工程专业实验中的关键设备。由于能源与环境工程专业相关实验所涉及的反应类型（如氧化、裂化、重整、加氢和聚合等）、物料聚集状态（气体、液体和固体等）、反应条件（如温度和压力）差异都很大，操作方法（如间歇和连续）又各有不同，因此，所采用的反应设备必然是多种多样的。表4-1为各类反应器的应用特点。

表 4-1　各类反应器的应用特点

| 反应器类型 | 适用的反应 | 应用特点 |
| --- | --- | --- |
| 管式反应器 | 气相、液相 | 返混小，所需反应器体积较小，比传热面大，但对慢速反应而言，管要很长，压降大 |
| 釜式反应器（单釜或多釜串联） | 液相、液液相、液固相 | 适用性强，操作弹性大，连续操作时温度、浓度容易控制，产品质量均一，但高转化率时反应器体积大 |
| 板式塔 | 气液相 | 逆流接触，气液返混均小，流速有限制，如需传热，常在板间加传热面 |
| 填料塔 | 液相、气液相 | 结构简单，返混小，压降小，有温差，填料装卸麻烦 |
| 鼓泡塔 | 气液相、气液固（催化剂）相 | 气相返混小，但液相返混大，温度较易调节，气体压降大，流速有限制，有挡板可减少返混 |
| 喷雾塔 | 气液相快速反应 | 结构简单，液体表面积大，停留时间受塔高限制，气流速度有限制 |
| 固定床反应器 | 气固（催化或非催化）相 | 返混小，高转化率时催化剂用量少，催化剂不易磨损，传热控温不易，催化剂装卸麻烦 |
| 流化床反应器 | 气固（催化或非催化）相 | 传热好，温度均匀，易控制，催化剂有效系数大，粒子输送容易，但磨耗大，床内返混大，对催化剂不利，操作条件限制较大 |
| 移动床反应器 | 气固（催化或非催化）相 | 固体返混小，固气比可变性大，粒子传送较易，床内温差大，调节困难 |
| 滴流床反应器 | 气液固（催化剂）相 | 催化剂带出少，分离容易，气液分布要求均匀，温度调节较困难 |

反应器选择或设计的任务是要选择适宜的反应设备型式、结构、操作方式和工艺条件。一个好的反应设备应能满足如下要求：反应器内要有良好的传质和传热条件；建立合适的浓度、温度分布体系；对于强放热或吸热反应要保证足够的传热速率和可靠的热稳定性；根据操作温度、压力和介质的腐蚀性，要求设备材料、型式和结构具有可靠的机械强度和抗腐蚀性能。

## 4.1.4　分离用设备

### （1）过滤机

过滤是以重力和压力差为推动力，采用某种特定的过滤介质，将混合物中的固体物质拦截，从而实现固-液混合物的分离。

过滤机的选型要考虑滤浆特性、滤浆物性和生产规模等因素。

### （2）离心机

离心机是一类以离心力为推动力的分离机械，分为过滤式分离机和沉降式分离机。过滤式分离机与过滤机相似，也需要采用过滤介质拦截固相，一般用于固液混合物料的分离；沉降式离心机是依据不同密度的物质在离心力场作用下所受离心力不同而实现分离的，因此既可用于固液混合物的分离，也可用于不同密度液体组成的液液混合物的分离。

### （3）干燥机

干燥机也是能源环境系统工程专业实验中常用的一类分离设备，主要用于物料中所含水分的脱除。按加热方式，可分为对流、传导、辐射、高频和微波等，这些加热方式又可分为直接加热型和间接加热型两种。按干燥机械的结构形式或运行形式，可分为管式、塔式、箱式、隧道式（带式）、回转圆筒式、滚筒式或气流式、喷雾式、沸腾式、真空式及冷冻干燥式等。

干燥机械的操作性能必须适应被干燥物料的特性，满足干燥产品质量要求，符合安全、环保和节能的要求。因此，干燥机械的选型要综合考虑上述因素。

## 4.1.5　加热用设备

加热用设备是在实验过程中提供热源的设备。能源与环境工程专业的相关实验中所用的加热设备主要是管式炉和马弗炉。

### （1）管式炉

管式炉适用于小工件和小样品的加热、烧结，各高等院校实验室使用的很多，其工作方式是将石英或刚玉的炉管放到炉膛内加热，加热区域、恒温区域内放置工件。管式炉两端采用密封法兰，可实现预抽真空，可通入各种保护气体、氧化气体和还原气体。炉型结构简单、操作容易、便于控制、能连续生产，炉体可进行分段加热，每段可单独调节功率进行控温，使用方便灵活，且体积小、功率高、保温性能好。可根据炉温对给定温度的偏差，自动接通或断开供给炉子的热源能量，或连续改变热源能量的大小，使炉温稳定在给定温度范围内，以满足热处理工艺的需要。

管式炉的分类方法很多。按用途可分为：化学反应炉、液体加热炉、气体加热炉、混合相流体加热炉；按工作氛围可分为：真空管式炉、气氛管式炉、普通管式炉、旋转管式炉、多工位管式炉。

管式加热炉一般包括炉膛、中层保温和外层保温。炉膛采用拼装方法而成，避免了急热急冷出现裂缝的现象。中层保温由高温纤维板或高温砖多块精心搭建而成，应满足耐高温、耐酸碱、耐氧化、不易开裂、使用寿命长、导热慢、节能等特点，常选用普铝、高铝、高铝含锆等陶瓷纤维材料；外层保温根据不同温度可选用高温毡或纳米纤维板。

管式炉的使用方法和注意事项可参见出厂随带的产品使用说明书。

### （2）马弗炉

马弗炉有时也称电炉、电阻炉、茂福炉、马福炉，是一种通用的加热设备，可用于以下几方面：

① 热加工、水泥、建材行业：进行小型工件的热加工或处理。

② 医药行业：用于药品的检验、医学样品的预处理等。

③ 分析化学行业：用于水质分析、环境分析等领域的样品处理；也可以用来进行石油类样品的热值分析等；

④ 煤质分析：用于测定水分、灰分、挥发分，或进行灰熔点分析、灰成分分析、元素分析；也可以作为通用灰化炉使用。

常用的马弗炉根据外观形状可分为箱式炉、管式炉、气氛炉、井式炉。

箱式炉的外型和箱子一样，其炉膛一般是方形的，尺寸规格可以定制，门开在正前方，开门方向是向外拉，门内还有一个门堵，能够更好的保温。电阻丝安装于侧墙内，在空气中使用，物料可直接放置于炉膛底面。测温采用性能稳定、长寿命的"K"型热电偶，以提高控温的精准性。它是专为高等院校、科研院所及工矿企业对金属、非金属及其他化合物材料在气氛或真空状态下进行烧结、融化、淬火而研制的专用设备，适合大多数实验室。

管式炉利用横穿于炉体中间的石英玻璃管作为炉膛，炉管两端选用不锈钢法兰密封，可在真空环境和气氛环境内工作，工件式样在管中加热，加热元件与炉管平行，均匀地分布在炉管外，有效保证了温度场的均匀性。

气氛炉是集成了箱式炉和管式炉双重特点的高温炉，适合较大样品和有气氛要求的实验和生产。炉体焊接密封，炉门上有一圈耐高温硅胶密封圈，能够起到很好的密封作用，所以使用时能够预抽真空，也能通入各种气体。真空效果相比管式炉略差，但是不影响使用，一般能到 0.05MPa。

井式炉从外形上看和箱式炉、气氛炉差不多，但从结构上看又和坩埚高温炉很相似。其炉膛竖直安置，可以垂直方向取放样品和工件，炉门开在炉子的上方，垂直方向开关门，可以很方便地根据需要进行自动化改进，比如配合机械手进行自动实验。井式炉的炉膛一般是圆形的，不过也有很多客户要方形的炉膛。

马弗炉的工作室为耐火材料制成的炉膛，加热元件置于其中，炉膛与炉壳之间用保温材料砌筑隔热。根据炉温对给定温度的偏差，自动接通或断开热源，或连续改变热源能量的大小，使炉温稳定在给定温度范围内，以满足热处理工艺的需要。

马弗炉的使用方法和注意事项可参见出厂随带的产品使用说明书。

# 4.2 实验仪器

为保证实验的顺利进行，必须对原料进行定量称量，对原料和产品的组分进行检测与分析，因此实验仪器是必不可少的。根据在实验中所起的作用，可将实验仪器分为称量用仪器、检测用仪器和分析用仪器。

## 4.2.1 称量用仪器

实验室用于称量的主要是天平。根据其精度，可分为普通天平和分析天平。对于普通天平，由于其使用范围很普及，本书不做介绍。

分析天平是专门满足高精度化学分析需求而设计的精密称量工具，直接称量，全量程不需要砝码，放上被测物质后在几秒钟内达到平衡，直接显示读数，具有称量速度快、精度高的特点。典型应用包括样品/标准液制备、配方称量、密度测定、间接称量等。

根据试样的不同性质和分析工作的不同要求，可分别采用直接称量法、固定质量称量法、递减称量法进行称量。

直接称量法是将称量物直接放在天平盘上称量物体质量的方法。例如，称量小烧杯的质量，容量器皿校正中称量某容量瓶的质量，重量分析实验中称量某坩埚的质量等，都使用这种称量法。

固定质量称量法又称增量法，用于称量某一固定质量的试剂（如基准物质）或试样。这种称量操作的速度很慢，适于称量不易吸潮、在空气中能稳定存在的粉末状或小颗粒（最小颗粒应小于 0.1mg，以便容易调节其质量）样品。使用分析天平时，若不慎加入试剂超过指定质量，应先关闭升降旋钮，然后用牛角匙取出多余试剂。重复上述操作，直至试剂质量符合指定要求为止。严格要求时，取出的多余试剂应弃去，不得放回原试剂瓶中。操作时不能将试剂散落于天平盘或容器以外的地方，称好的试剂必须定量地由表面皿等容器直接转入接受容器，即"定量转移"。

递减称量法又称减量法，用于称量一定质量范围的样品或试剂。适用于称量过程中易吸水、易氧化或易与 $CO_2$ 等反应的样品。由于称取试样的质量是由两次称量之差求得，故也称差减法。

分析天平种类繁多，但一般都由顶门、边门、天平盘、水准仪、显示屏、水平调节螺丝、显示屏、底座等组成。其具体使用方法和注意事项可参看出厂随带的产品使用说明书。

## 4.2.2 检测用仪器

检测用仪器主要用于各类检测。

### （1）酸度计

酸度（pH）计用来精密测量液体介质的酸碱度值，配上相应的离子选择电极也可以测量离子电极电位值，被广泛应用于环保、污水处理、科研、制药、发酵、化工、养殖、自来水等领域。

酸度（pH）计的主要测量部件是玻璃电极和参比电极，玻璃电极对 pH 敏感，而参比电极的电位稳定。将 pH 计的这两个电极一起放入同一溶液中，就构成了一个原电池，而这个原电池的电位，就是这玻璃电极和参比电极电位的代数和。

pH 计的参比电极电位稳定，在温度保持稳定的情况下，溶液和电极所组成的原电池的电位变化只和玻璃电极的电位有关，而玻璃电极的电位取决于待测溶液的 pH 值，因此通过对电位的变化测量，就可以得出溶液的 pH 值。

除了能测量溶液的 pH 值以外，还可以测量电池的电动势。

根据使用需要，pH 计有多种型式，按测量精度可分 0.2 级、0.1 级、0.01 级或更高精度，按仪器体积可分为笔式（迷你型）、便携式、台式和在线连续监控式，按先进性分为经济型、智能型、精密型。

pH 计的使用方法及注意事项可参看出厂随带的产品使用说明书。

### （2）氧弹量热仪

氧弹量热仪主要用于对可燃物进行发热量的测定。一定量的分析试样在充有过量氧气的氧弹内燃烧，燃烧产生的热量由弹筒壁传导给一定量的内筒水和量热系统（包括内筒、氧弹、搅拌叶、测温探头）吸收，水的温升与试样燃烧释放的热量成正比。发热量测定时，根据试样点燃前后量热系统产生的温升以及系统热容量，并对点火热等附加热进行校正后即可求得试样的弹筒发热量，单位为焦耳/克（J/g）。从弹筒发热量中扣除硝酸形成热和硫酸校正热（硫酸与二氧化硫形成热之差）后即得高位发热量。对试样中的水分（原样中含有的氧和氢燃烧生成的水）的汽化热进行校正后求得试样的低位发热量。

氧弹量热仪由量热仪主机、氧弹、充氧仪、氧气减压器几部分组成，配置有恒温系统，适用于测定无烟煤、烟煤、褐煤、重油、建材制品、生物质燃料等固、液态可燃物质的发热量。常见类型包括全自动氧弹量热仪、等温式氧弹量热仪、触摸式氧弹量热仪等。

全自动氧弹量热仪具有超大容量水箱，适合大批量连续 24h 实验。采用高级单片机系统，操作全自动化，能严格按照国标 GB/T 213—2008 的有关规定和方法自动测量。人工所需做的只是称量、装弹和充氧，仪器自动完成定量注水、自动搅拌、点火、输出打印结果和排水等工作。人机交互界面友好，大的汉字屏幕显示时间和实验进程，具有实验后换算高低位发热量功能。

等温式氧弹量热仪自动充氧、氧弹自动升降、实验完成后自动释放氧弹里的废气。操作时只需要装好氧弹，余下连接电子天平读取试样质量、充氧气、升降氧弹、识别氧弹、定量内筒水量、点火、完成实验、氧弹放气、实验结果统计等过程可全部实现自动化。自动调节内外筒温差，保证终点时内筒比外筒温度高 1K 左右，完全符合国标要求，测试结果长期稳定。可以解决无冷却装置的量热仪因外筒水温升高（过冲）而需暂停实验的技术难题。采用进口机械部件，自动完成充氧、放气、升降氧弹等运动。采用压缩机制冷和专用加热装置，实现自动控制外筒水温，控温精度达到国标 GB/T 213—2008 第 7.1.4 要求（±0.1K）。

触摸式氧弹量热仪由单片机控制，采用触摸式中文液晶显示屏，自动化程度高，自动注水，自动调节外桶水温，人工操作仅为称样品的质量和输入样品质量值，其他全由仪器自动完成，并打印测试结果，方便快捷。测试结果稳定可靠，可作为仲裁分析。

氧弹量热仪的使用方法及注意事项可参见出厂随带的产品使用说明书。

## 4.2.3 分析用仪器

分析用仪器主要用于进行各类组分的成分分析。

### （1）水分分析仪

水分分析仪可以用来测定任何物质的水分含量。其操作根据热重原理，开始时测量样品质量，内部的卤素加热元件快速加热样品，使水分蒸发。在干燥过程中，仪器持续测量样品质量并显示结果。

常见的水分分析仪主要有红外水分分析仪、卤素水分分析仪、在线水分分析仪、卡尔·费休水分分析仪等几种。

红外线水分分析仪采用传统经典物理水分测定方法（烘箱干燥法），通过称重传感器和红外线辐射源完美结合测定样品的水分含量；环形红外线加热源，快速干燥样品；在干燥过程中，红外线水分测定仪持续测量并即时显示样品丢失质量并得出水分含量百分比，干燥程序完成后，最终测定的水分含量值被锁定显示。与国际烘箱加热法相比，红外加热可以在高温下将样品均匀地快速干燥，样品表面不易受损，其检测结果与国标烘箱法具有良好的一致性，具有可替代性，且检测效率远远高于烘箱法。

卤素水分分析仪采用传统经典物理水分测定方法（烘箱干燥法），通过称重传感器和卤素（红外线）辐射源完美结合测定样品的水分含量；卤素（红外线）辐射源是在原有的红外线辐射源中注入惰性卤素气体，使红外线辐射源寿命长，温度更均匀。在仪器测定时，环形卤素红外线加热源，快速干燥样品；在干燥过程中，卤素快速水分测定仪测量并即时显示样品丢失质量并得出水分含量的百分比，干燥程序完成后，最终测定的水分含量值被锁定显示。与国际烘箱加热法相比，卤素（红外线）加热可以在高温下将样品均匀地快速干燥，样品表面不易受损，检测结果与国标烘箱法具有良好的一致性，具有可替代性，且检测效率远远高于烘箱法。

在线水分分析仪是采用光谱检测技术实现样品内水分在线测量的仪器，特别适合于安装到皮带输送机、螺旋给料机、料仓、漏斗和输送管道上，也可对批量生产过程进行在线湿度测量。

1935 年卡尔·费休（Karl Fischer）提出的以甲醇为介质，以卡氏液为滴定液进行样品水分测量的容量方法，已被国际列为许多物质中水分测定的标准方法。卡尔·费休水分分析仪则是采用此方法测定物料含水量的仪器，应用微电脑自动控制技术，采用大屏幕液晶显示屏，具有运算、打印实验结果等功能，操作简单、准确度高，是石油、化工、电力、医药、农药行业及科研院校测试水分含量的理想仪器。

水分分析仪的使用方法及注意事项可参见出厂随带的产品使用说明书。

### （2）元素分析仪

元素分析仪是指可同时或单独实现样品中几种元素分析的仪器，常用的元素分析仪分为有机碳氢氮氧硫元素分析仪、气体元素分析仪、多元素分析仪、五元素分析仪等。

有机碳氢氮氧硫（CHNOS）元素分析仪主要用于分析有机物中碳氢氮氧硫元素的含量，广泛应用于化学、化工、制药、农业、环保、能源、材料等不同领域的研究分析。

气体元素分析仪可分析检测包括一氧化碳、二氧化硫、甲醛、二氧化氮、苯酚、臭氧、苯乙烯、苯、亚硝酸、三氧化氮、氮气、乙苯等在内的多种气体，具有精度高、测量浓度下限低、监测距离长、范围广、数据可靠性高的众多优势。多数气体元素分析仪都有可连续、实时在线测量功能。仪器操作简单，维护方便，运行成本低，可同时对多种大气污染成分进行测量。

多元素分析仪通过使用单色光技术和 X 光源聚光技术实现选择性的多元素激发，可直接分析元素周期表中从磷到铅之间的金属元素。

五元素分析仪采用电弧燃烧炉燃烧样品，气体容量法测 C，碘量法自动滴定测 S，光电比色分析法测定其他元素。一台仪器可满足碳钢、高中低合金钢、不锈钢、生铸铁、灰铸铁、球墨铸铁、耐磨铸铁、合金铸铁、铸钢等材料中的 C、S、Mn、P、Si、Cr、Ni、Mo、Cu、Ti、V、Al、W、Nb、Mg 等众多元素含量的检测。

各类元素分析仪虽结构和性能不同，但都是基于色谱原理，在复合催化剂的作用下，样品经高温氧化燃烧生成氮气、氮的氧化物、二氧化碳、二氧化硫和水，并在载气的推动下，进入分离检测单元。在吸附柱将非氮元素的化合物吸附保留后，氮的氧化物经还原成氮气后被检测器测定。其他元素的氧化物再经吸附-脱附柱的吸附脱附作用，按照 C、H、S 的顺序被分离测定。

各种元素分析仪的使用方法和注意事项可参见出厂随带的产品使用说明书。

### （3）气体分析仪

气体分析仪是利用电化学传感器连续分析测量 $CO_2$、$CO$、$NO_x$、$SO_2$ 等气体组分含量的设备，可用于固废热解排放污染物成分的测定。由于被分析气体的千差万别和分析原理的多种多样，气体分析仪的种类繁多，常用的有热导式、热磁式、电化学式和红外线吸收式。

热导式气体分析仪是根据不同气体具有不同热传导能力的原理，通过测定混合气体热导率来推算其中某些组分的含量，简单可靠，适用的气体种类较多，是一种基本的分析仪表。但直接测量气体的热导率比较困难，所以实际上常把气体热导率的变化转换为电阻的变化，再用电桥来测定。热导式气体分析仪的应用范围很广，除通常用来分析氢气、氨气、二氧化碳、二氧化硫和低浓度可燃性气体含量外，还可作为色谱分析仪中的检测器用以分析其他成分。

热磁式气体分析仪的原理是利用烟气组分中氧气磁化率特别高的特性来测定烟气中的含氧量。氧气为顺磁性气体（气体能被磁场所吸引的称为顺磁性气体），在不均匀磁场中受到吸引而流向磁场较强处。在该处设有加热丝，使此处氧的温度升高而磁化率下降，因而磁场吸引力减小，受后面磁化率较高的未被加热的氧气分子推挤而排出磁场，由此造成"热磁对流"或"磁风"现象。在一定的气样压力、温度和流量下，通过测量磁风大小就可测得气样中氧气含量。热磁式氧分析仪具有结构简单、便于制造和调整等优点。

电化学式气体分析是根据化学反应所引起的离子量变化或电流变化来测量气体成分。为了提高选择性，防止测量电极表面被污染并保持电解液性能，一般采用隔膜结构。常用的电化学式分析仪有定电位电解式和伽伐尼电池式两种。定电位电解式分析仪的工作原理是在电极上施加特定电位，被测气体在电极表面产生电解作用，只要测量加在电极上的电位，即可确定被测气体特有的电解电位，从而使仪表具有选择识别被测气体的能力。伽伐尼电池式分析仪是将透过隔膜扩散到电解液中的被测气体电解，测量所形成的电解电流，就能确定被测气体的浓度。通过选择不同的电极材料和电解液来改变电极表面的内部电压，从而实现对具有不同电解电位气体的选择。

红外线吸收式气体分析是根据不同气体组分对不同波长的红外线具有选择性吸收的特性而工作的分析仪表，测量吸收光谱可判别出气体的种类，测量吸收强度可确定被测气体的浓度。红外线分析仪的使用范围宽，不仅可分析气体成分，也可分析溶液成分，且灵敏度较高，反应迅速，能在线连续指示，也可组成调节系统。

与红外线分析仪原理相似的还有紫外线分析仪、光电比色分析仪等，在工业上也用得较多。

各种气体分析仪的使用方法及注意事项可参见出厂随带的产品使用说明书。

### （4）分光光度计

分光光度计的用途是鉴定物质，可以测定核酸和蛋白的浓度，也可以测定细胞密度、对待测物质与标准物及标准图谱进行对照分析、比较吸收波长吸收系数的一致性、检验物质的纯度、推测化合物的分子结构及构成、判定配合物的组成及测定稳定常数。用于测量待测物质对可见光（400～780nm）的吸光度并进行定量分析的仪器，称为可见分光光度计；用于测量待测物质对可见光或紫外光（200～1000nm）的吸光度并进行定量分析的仪器称为紫外可见分光光度计。

分光光度计按光路可分为单光束分光光度计、准双光束分光光度计、双波长分光光度计。

单光束分光光度计由于技术指标比较差，特别是杂散光、光度噪声、光谱带宽等主要技术指标比较差，因此，分析误差也较大，在使用上受到限制。要求较高的制药行业、质量检验行业、科研等行业不适宜使用单光束分光光度计。

准双光束分光光度计是有两束光，但只有一只比色皿的分光光度计，一束光通过比色皿，另一束光不通过比色皿。不通过比色皿的那束光主要起抵消光源波动对分析误差影响的作用。准双光束紫外可见分光光度计有两种类型：一种是两束单色光，一只比色皿，两只光电转换器；另一种是一束单色光，一束复合光，一只比色皿，两只光电转换器。两束单色光的准双光束分光光度计比较多见。

近年来，双波长分光光度计的出现，使分析方法的准确度和灵敏度明显提高，尤其对高浓度样品和浑浊样品以及多组分混合物样品的定量分析，更显示出独特优点。双波长分光光度计不仅可测量样品的吸收光谱，而且可测量样品的差光谱和导数光谱，扩大了光谱范围和应用范围。电子计算机与分光光度计联用，使仪器的精度、灵敏度、稳定性和自动化程度大大提高。尤其微型计算机已成为分光光度计的一个重要组成部分，这极大地推动了分光光度计的发展。

各种分光光度计的使用方法和注意事项可参见出厂随带的产品使用说明书。

### （5）气相色谱仪

色谱法又称层析法，是一种分离测定多组分混合物的极其有效的分析方法，基于不同物质在相对运动的两相中具有不同的分配系数，当这些物质随流动相移动时，就在两相之间进行反复多次分配，使原来分配系数只有微小差异的各组分得到很好的分离，依次送入检测器测定，达到分离、分析各组分的目的。色谱法的分类方法很多，常按两相所处的状态来分。用气体作流动相时，称为气相色谱（GC）；用液体作流动相时，称为液相色谱（LC）。

气相色谱法是使用气相色谱仪来实现对多组分混合物分离和分析的方法，主要由气路系统（包括载气钢瓶、净化器、流量控制和压力表等）、进样系统（包括气化室、进样两部分）、分离系统（色谱柱）、检测器和记录系统（包括放大器和记录仪）五个部分。其测定流程见图4-2。载气由高压钢瓶供给，经减压、干燥、净化和流量测量后进入气化室，携带由气化室进样口注入并迅速汽化为蒸气的样品进入色谱柱（内装固定相），经分离后的各组分依次进入检测器，将浓度或质量信号转换成电信号，经阻抗转换和放大，送入记录仪记录色谱峰。当载气带着各组分依次通过检测器时，检测器响应信号随保留时间变化的曲线称为色谱流出曲线，也称色谱图。如果分离完全，每个色谱峰代表一种组分。根据色谱峰出峰时间可进行定性分析,根据色谱峰高或峰面积可进行定量分析。

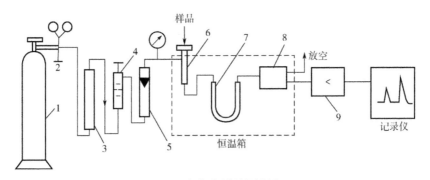

**图4-2　气相色谱法测定流程**

1—载气钢瓶；2—减压阀；3—干燥净化管；4—稳压阀；5—流量计；6—气化室；7—色谱柱；

8—检测器；9—阻抗转换及放大器

色谱分离条件的选择包括色谱柱内径及柱长、固定相、汽化温度及柱温、载气及其流速、进样时间和进样量等。色谱柱分为填充柱和空心毛细管柱两类。色谱柱内径越小，柱效越高；增加柱长可提高柱效，但分析时间增加。

提高色谱柱温度，可加速气相和液相间的传质过程，缩短分离时间，但柱温过高将会降低固定相的选择性，增加其挥发流失，一般选择近似等于样品中各组分的平均沸点或稍低温度。当待分析组分为沸点范围很宽的混合物时，可采用程序升温的方法，使低、高沸点的组分都能得到良好的分离。汽化温度以能将样品迅速汽化而不分解为准，一般高于色谱柱温度50~100℃。

载气应根据所用检测器类型、对柱效的影响等因素选择。如对热导检测器，应选择氢气、氩气或氦气；对火焰离子化检测器，一般选择氮气。载气流速小，宜选择分子量大和扩散系数小的载气，如氮气和氩气；反之，应选用分子量小、扩散系数大的载气，如氢气，以提高柱效。载气最佳流速需要通过实验确定。

色谱分析要求进样时间在 1s 内，否则将造成色谱峰扩张，甚至改变峰形。进样量应控制在峰高或峰面积与进样量成正比的范围内。液体样品一般为 0.5~5μL；气体样品一般为 0.1~10mL。

气相色谱常用的检测器有：热导检测器（TCD）、火焰离子化检测器（FID）、电子捕获检测器（ECD）和火焰光度检测器（FPD）。对检测器的要求是：灵敏度高、检出限(反映噪声大小和灵敏度的综合指标)低、响应快、线性范围宽。

**气相色谱的定量分析方法：** 常用定量分析方法有标准曲线法（外标法）、内标法和归一法。

**标准曲线法：** 用被测组分纯物质配制系列标准溶液，分别定量进样，记录不同浓度溶液的色谱图，测出峰面积，用峰面积对相应的浓度作图，得到一条直线，即标准曲线。有时也可用峰高代替峰面积，作峰高-浓度标准曲线。在同样条件下测定样品，根据其峰面积或峰高及标准曲线计算出样品中被测组分的浓度。

**内标法：** 选择一种样品中不存在且其色谱峰位于被测组分色谱峰附近的纯物质作为内标物，以固定量(接近被测组分量)加到标准溶液和样品溶液中，分别定量进样，记录色谱峰，以被测组分峰面积(或峰高)与内标物峰面积(或峰高)的比值对相应浓度作图，得到标准曲线。根据样品中被测物质与内标物峰面积(或峰高)的比值，从标准曲线上查得被测组分浓度。这种方法可抵消因实验条件和进样量变化带来的误差。

**归一法：** 标准曲线法和内标法适用于样品中各组分不能全部出峰、或多组分中只测量一种或几种组分的情况。如果样品中各组分都能出峰，并要求定量，则使用归一法比较简单。设样品中各组分的质量分别为 $m_1$、$m_2$、$\cdots$、$m_n$，则各组分的质量分数（$\omega_i$）按照下式计算：

$$\omega_i = \frac{m_i}{m_1 + m_2 + \cdots + m_n} \times 100\% \tag{4-1}$$

各组分的质量($m_i$)可由质量校正因子（$f_m$）和峰面积($A_i$)求得，即

$$\omega_i = \frac{A_i f_{m(i)}}{A_1 f_{m(1)} + A_2 f_{m(2)} + \cdots + A_n f_{m(n)}} \times 100\% \tag{4-2}$$

$f_m$ 可由文献查得，也可通过实验测定。

校正因子分为绝对校正因子和相对校正因子。绝对校正因子是单位峰面积代表某组分的含量，既不易准确测定，又无法直接应用，故常用相对校正因子。相对校正因子是被测组分与某种标准物质的绝对校正因子的比值，常用的标准物质是苯(用于 TCD)和正庚烷(用于 FID)。当物质的含量以质量表示时，此时的相对校正因子称为质量校正因子($f_m$)，据其含义，按下式计算：

$$f_m = \frac{f'_{m(i)}}{f'_{m(s)}} = \frac{A_s m_i}{A_i m_s} \tag{4-3}$$

式中　$f'_{m(i)}$、$f'_{m(s)}$——被测物质和标准物质的绝对校正因子；

$\quad\quad$ $m_i$、$m_s$——被测物质和标准物质的质量；

$\quad\quad$ $A_i$、$A_s$——被测物质和标准物质的峰面积。

需要指出的是，随着分析仪器技术的发展和某些大型分析仪器灵敏度的提高，已没有必要通过样品制备后再进行定性分析，而是直接采用气相色谱仪和其他大型仪器（质谱、光谱、核磁等）联用进行定性分析，如 GC/MS（气相色谱-质谱）定性分析已进入普及阶段。

气相色谱仪可用于分析气体，也可用于分析具有挥发性的液体、固体物质，因此广泛用于环境分析（大气污染物分析、水分析、土壤分析、固体废弃物分析等）、食品分析（农药残留分析、香精香料分析、添加剂分析、脂肪酸甲酯分析、食品包装材料分析等）、农药残留物分析（有机氯农药残留分析、有机磷农药残留分析、杀虫剂残留分析、除草剂残留分析等）、精细化工分析（添加剂分析、催化剂分析、原材料分析、产品质量控制等）等。

**（6）液相色谱仪**

高效液相色谱(HPLC)法是在气相色谱法的基础上发展起来的，因此气相色谱的基本理论及定性、定量方法也基本适用于高效液相色谱。两种仪器的检测方法的主要差别是流动相和操作条件。气相色谱的流动相是惰性气体，只起运载作用，组分分离取决于各组分与固定相之间的作用力；高效液相色谱的流动相是液体，与组分之间有一定亲和力，可通过改变流动相的性质、极性、pH 值等条件来提高分析的选择性。高效液相色谱的固定相颗粒很细，黏度大,故柱内压降很大,需要用高压泵输送流动相；高效液相色谱适用于分离沸点高、极性强、热稳定性差、分子量大和离子型的化合物，分析对象范围比气相色谱要宽得多。

高效液相色谱仪主要由输液系统、进样系统、分离系统(色谱柱)、检测器、记录及辅助系统组成，其分析流程是：样品由进样器注入由高压泵输送来的流动相中，随流动相(载液)进入色谱柱，将样品中各组分分离，依次进入检测器，再由记录仪记录相应的信号。图 4-3 是一种用微处理机控制分析操作参数的高效液相色谱仪示意图。微处理机用于：流动相的梯度组成控制（①），即通过改变流动相中不同溶剂组成比例，使流动相的极性、离子强度或 pH 值按线性或梯度变化，以提高分离效果；流动相输出流量控制（③、⑨）；进样量控制（④、⑤）；柱箱及柱温控制（⑥、⑦）；检测器测量及输出（⑧）；数据处理（⑨）；结果打印和绘图（⑩）。还可对缺液、泄漏、超温等异常状态进行警报等。

高效液相色谱法分析条件的选择包括色谱柱、流动相和检测器的选择。常用的色谱柱为不锈钢柱，柱内装填固定相，固定相和流动相需根据样品中欲分离组分的分子量、溶解性和极性等性质选择。若被分离的组分是极性的，应采用正向色谱柱，即流动相的极性要小于柱内固定相的极性；反之，应采用反向色谱柱，即流动相的极性要大于柱内固定相的极性。常用的流动相有水、甲醇、乙腈、二氯甲烷等。

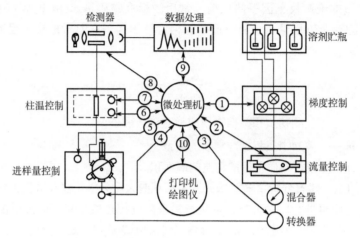

图4-3　高效液相色谱仪的测定原理示意图

　　高效液相色谱常用的检测器有紫外光度检测器（UVD）、荧光检测器（FD）、示差折光检测器（RID）和电导检测器（ECD）。其中，UVD、FD、ECD属于选择型检测器，对不同组分的物质响应差别很大，只能选择性地检测某些类型的物质。RID属于通用型检测器，对大多数物质的响应相差不大。选择何种检测器，要由被测组分的性质确定，如测定芳烃类物质一般选用UVD或FD。

第 **5** 章

# 有机固废的能源化实验

有机固体废弃物（简称有机固废）可根据来源分为农业废弃物、林业废弃物、畜禽粪便、城市生活垃圾（餐厨垃圾）、废塑料和废橡胶、有机污泥等，其中农业废弃物占最大比例。

目前，针对有机固体废弃物的能源化利用技术主要有以下几种。

**（1）直接燃烧**

直接燃烧是指针对不同形状的有机固废，采用特定的燃烧方法及相适应的炉型使其与氧气发生燃烧反应，同时放出热量。直接燃烧的目的是利用其燃烧放出的热值，因此采用的炉型应尽可能使有机固废燃尽，即尽可能放出更多的热量。

根据有机固废的形状及尺寸，采用的燃烧方法有层燃法、沸腾燃烧、流化燃烧、悬浮燃烧等，相应的燃烧设备分别为层燃炉、沸腾燃烧炉、流化床燃烧器（也称流化床锅炉）、悬浮燃烧炉等。

**（2）热化学气化**

热化学气化是在一定的温度条件下，将有机固废经过一系列化学加工过程，使其转化成小分子气体的热化学过程。根据加工过程的不同技术路线，有机固废的热化学气化可分为热解气化、气化剂气化和水热气化。

① 热解气化。热解气化是在无氧或缺氧条件下将有机固废加热，使其中的有机物产生热裂解，经冷凝后产生利用价值较高的燃气、燃油及固体半焦，但以气体产物产率为目标。

采用热解气化方式可以将有机固废中的有机组分转化为燃料气体及焦油，进行能源化利用，但工艺过程较为复杂，对运行操作有较高的要求。另外，如果有机固废的含水率较高，则不能直接进行热解气化，需先进行干燥。如果有机固废的灰分含量较高，则热解气化后需对最终灰分的处置进行重金属浸出等评估。

② 气化剂气化。气化剂气化简称气化，是采用某种气化剂，使有机固废在气化反应器中进行干燥、热解、燃烧和还原等热化学反应，生成含有 $CO$、$CH_4$、$H_2$ 和 $C_nH_m$ 等的可燃气体，热值高达 $16\sim21MJ/m^3$，除了直接燃烧用于炊事，还可用作发电和热电冷多联产等。半

焦可用作固体燃料、土壤改良剂、肥料缓释增效的载体以及高性能活性炭的原料等。灰渣富含钾、硅、镁、铁等作物所需元素，可用于肥料。

③ 水热气化。水热气化是以水为溶剂，在合适的催化剂和一定的工艺条件下，使有机固废中的大分子物质发生裂解生成小分子的可燃气。

**（3）热化学液化**

热化学液化是在一定的温度和压力条件下，将有机固废经过一系列化学加工过程，使其转化成生物油的热化学过程。热化学液化对原料的适应性强，有机质利用率高，反应时间短，易于工厂化生产，产品能量密度大，易于存储和运输，直接或加以改性精制就可作为优质车用燃料和化工原料，不存在产品规模和消费的地域限制问题，因而成为国内外研究开发的重点和热点。

根据热化学加工过程的不同技术路线，有机固废的液化可分为热解液化和水热液化。

① 热解液化。热解液化是将有机固废在隔绝空气的情况下快速加热，通过热化学反应，将原料直接裂解为粗油，反应速率快，处理量大，原料广谱性强，生产过程几乎不消耗水。生物油为主要产品，干基产率在70%左右，副产物为半焦、灰渣和气体，整个系统没有废气排出，处理过程几乎无污染。

有机固废坂热解液化最大的优点在于其产物生物油易存储、运输，为工农业大宗消耗品，不存在产品规模和消费的地域限制问题，生物油不但可以精制改性替代传统燃料，而且还可从中提取出许多附加值较高的化学品。采用分散热解、集中发电的方式，生物油通过内燃机、燃气轮机、蒸汽轮机完成发电，这些系统可产生热和能，能够达到更高的系统效率，是一项极具经济性和产业化发展前景的技术。

② 水热液化。水热液化是在合适的催化剂、溶剂介质存在下，在反应温度200～400℃、反应压力5～25MPa、反应时间从2min至数小时条件下使有机固废液化，生产生物油、半焦和干气。由于水安全、环保、易得，因此常用水作溶剂。水热液化所得生物油的含氧量在10%左右，热值比热解液化的生物油高50%，物理和化学稳定性更好。

目前，水热液化还处于实验室研究阶段，尽管反应条件相对温和，但对设备要求较为苛刻、成本较高等缺点使其应用受到一定的限制。

**（4）热化学炭化**

有机固废热化学炭化是指在一定温度条件下将有机固废中的有机组分进行热分解，使二氧化碳等气体从固体中被分离，同时又最大限度地保留有机固废中的炭值，使有机固废形成一种焦炭类的产品，通过提高其碳含量而提高其热值。根据热化学加工过程的不同技术路线，有机固废的炭化可分为热解炭化和水热炭化。

① 热解炭化。热解炭化是在一定温度条件下，将满足含水率要求的有机固废进行热解，通过控制其操作条件（主要是加热温度及升温速率），使有机固废中的有机组分分解产生气体、液体和固体，并以固体产物的产率为目标。其过程的实质是在缺氧或少氧的情况下对有机固废进行干馏，因此也称干馏炭化。

② 水热炭化。有机固废的水热炭化是在一定的温度和压力条件下，将有机固废放入密闭的水溶液中反应一定时间以制取焦炭的过程，实际上水热炭化是一种脱水脱羧的煤化过程。与传统的热解炭化相比，水热炭化的反应条件相对温和，脱水脱羧是一个放热过程，可

为水热反应提供部分能量，因此水热炭化的能耗较低。另外，水热炭化产生的焦炭含有大量的含氧、含氮官能团，焦炭表面的吸水性和金属吸附性相对较强，可广泛用于纳米功能材料、碳基复合材料、金属/合成金属材料等。

### （5）生物气化

有机固废的生物气化是指在微生物或酶的作用下，通过厌氧发酵将其转化为沼气或氢气等可燃气体，从而实现能源化利用。目前应用较多的是有机固废厌氧发酵生产沼气。

为深入了解各种有机固废能源化利用技术的本质规律，以及工艺条件对能源转化率的影响，相关专业可开设如下相关实验。

# 5.1 有机固废的理化性质测定

理化性质是指衡量物质物理、化学、生物化学（生化）特性的指标。有机固废的物理性质主要有闪点与燃点、容重、含水率、发热量、组成等，化学性质主要有化学组成（挥发分、固定碳、灰分）、元素组成（C、H、O、N、S 等）、热值、灼烧损失量；生化性质主要有生化需氧量（BOD）、可生化性 [生化需氧量/化学需氧量（BOD/COD）] 等指标。对采集到的有机固体废弃物的理化特性的测定，主要包括水分测定、工业分析、元素分析、热值测定、热失重特性分析。针对这方面的实验内容如下。

## 实验1 ▶▶
## 有机固废的含水率测定

### 一、实验目的

1. 掌握烘干法测定固体废物含水率的方法，了解含水率的计算方法。
2. 理论联系实际，了解水分测定仪的使用方法。

### 二、实验原理

固体废物中的水分按其存在形态的不同分为两类，即游离水和化合水。游离水（包括外在水分与内在水分。外在水分是附着在固体废物颗粒表面的水分，很容易在常温下的干燥空气中蒸发，蒸发到固体废物颗粒表面的水蒸气压与空气的湿度平衡时就不再蒸发了；内在水分是吸附在固体废物颗粒内部毛细孔中的水分，需在 100℃以上的温度经过一定时间才能蒸发）是以物理状态吸附在固体废物颗粒内部毛细管中和附着在固体废物颗粒表面的水分，通常在 105～110℃的温度下经过 1～2h 可蒸发掉；化合水也叫结晶水，是以化合的方式同固体废物中矿物质结合的水，通常要在 200℃以上才能分解出来。水分是固体废物中不可燃的有害组分，它的存在降低了固体废物中的可燃质含量。特别是对于固体废物的燃烧，水分可使炉内燃烧温度下降，从而影响固体废物的着火和燃尽。另一方面，烟中过多的水分还会加重锅炉尾部受热面的低温腐蚀和堵灰问题。

固体废物的含水率是指在一定温度 105℃下所失去的水分（烘至恒重）占固体废物的质量百分率，因此可采用重量法测定固体废物的含水率。将固体废物样品经 105℃的烘箱烘干至恒定质量，计算样品中损失的质量与样品初始质量的百分比，即为样品的含水率。

## 三、实验材料与仪器

1. 实验材料

固体废物可根据实际情况选用人工配制的固体废物，也可以是污泥或树枝等实际产生的固体废物。

2. 实验仪器与耗材

分析天平（万分之一）；小型电热恒温烘箱；铝盒若干；干燥器（内盛变色硅胶或无水氯化钙）等。

## 四、实验步骤

1. 将采集的固体废物样品破碎至粒径小于 15mm 的细块，充分混和搅拌，用四分法缩分三次。难全部破碎的可预先剔除，在其余部分破碎缩分后，按缩分比例，将剔除成分的部分破碎物加入样品中。

2. 准确称量固体废物鲜样 20g 后，放入已知质量的铝盒中（记为 $m_0$），盖好盒盖，称量，即铝盒加样品的湿重，记为 $m_1$。

3. 揭开盒盖，放于烘箱中，在 105℃的条件下烘干 4～8h，取出放到干燥器中冷却 0.5h 后称重，重复烘 1～2h，冷却 0.5h 后称重，直至恒重（两次称量之差不超过试样质量的 0.5%）。

4. 从干燥器内取出铝盒，盖好盒盖，称量，即得铝盒加烘干样品的质量，记为 $m_2$。

5. 计算结果。

固体废物的含水率可通过式（5-1）计算。

$$P = \frac{(m_1 - m_2)}{(m_2 - m_0)} \times 100\% \tag{5-1}$$

式中　$P$——固体废物的含水率；

　　　$m_0$——铝盒的质量，g；

　　　$m_1$——烘干前铝盒及样本质量，g；

　　　$m_2$——烘干后铝盒及样本质量，g。

## 五、数据处理

根据上述实验，填写记录表（表 5-1）。

表 5-1　固体废物含水率的测定结果

| 项目 | 污泥 | | | | 生物质 | | | |
|---|---|---|---|---|---|---|---|---|
| | 第 1 次 | 第 2 次 | 第 3 次 | 平均值 | 第 1 次 | 第 2 次 | 第 3 次 | 平均值 |
| $m_0$/g | | | | | | | | |
| $m_1$/g | | | | | | | | |
| $m_2$/g | | | | | | | | |
| $P$/% | | | | | | | | |

　　采用重量法可以较为准确地得到固体废物样品的含水率，但过程相对较为繁琐。在对结果精度要求不严格时，可采用水分测试仪快速测定固体的含水率。

　　卤素水分测试仪是一种新型快速的水分检测仪器。其环状的卤素加热器确保样品在高温测试过程中均匀受热，使样品表面不易受损，快速干燥，在干燥过程中，测试仪持续测量并即时显示样品丢失的水分含量，干燥程序完成后，最终测定的水分含量值被锁定显示。

## 六、思考题

　　1. 对于固体废物处理，分析物料含水率的意义是什么？

　　2. 根据实验测试结果，分析其中可能存在的误差？

　　3. 根据实验测试结果，若需将物料调配成含水率 75% 的物料以便进行后续处理，应如何进行？

## 实验 2 ▶▶

# 有机固废的灰分和挥发分测定

## 一、实验目的

　　1. 掌握固体废物中挥发分和灰分的测定方法及原理。

　　2. 熟悉马弗炉的操作使用。

## 二、实验原理

　　固体废物的灰分，是指固体废物在规定条件下（815℃±10℃）完全燃烧后剩下的残渣。因为这个残渣是固体废物中可燃物完全燃烧，固体废物中矿物质（除水分外所有的无机质）在固体废物完全燃烧过程中经过一系列分解、化合反应后的残渣，即既不能燃烧，也不会挥发的物质，确切地说，灰分应称为灰分产率，用 $A$ 表示。它是反映固体废物中无机物含量的一个指标参数。

　　固体废物的挥发分，即固体废物在一定温度下（600℃±20℃）隔绝空气加热，逸出物质

（气体或液体）中减掉水分后的含量。剩下的残渣叫作焦渣（即灰分）。因为挥发分不是固体废物中所固有的，而是在特定温度下热解的产物，所以确切的说应称为挥发分产率，常用 $V$ 表示。它是反映固体废物中有机物含量的指标参数。

## 三、实验材料与仪器

1. 实验材料

固体废物可根据实际情况选用人工配制的固体废物，也可以是污泥或树枝等实际产生的固体废物。

2. 实验仪器

马弗炉、电子天平、烘箱、坩埚、干燥器等。

## 四、实验步骤

灰分和挥发分一般同时测定，且测定前需将固体废物烘干。

1. 准备 3 个坩埚，分别称取其质量（记为 $m_0$），并记录下来。

2. 各取 20g 烘干好的试样（绝对干燥），分别放入准备好的 3 个坩埚中（重复样）。

3. 将盛放有试样的坩埚放入马弗炉中，在 600℃下灼烧 2h，然后取出冷却。

4. 分别称量并记录数据 $m_1$ 和 $m_2$。若进行多次实验，则最后结果取平均值。

5. 计算试样所含的灰分和挥发分。

灰分 $A$ 计算：

$$A = \frac{m_1 - m_0}{m_2 - m_0} \times 100\% \tag{5-2}$$

式中　$A$——试样的灰分含量，%；

　　　$m_1$——灼烧后坩埚和试样的总质量，g；

　　　$m_2$——灼烧前坩埚和试样的总质量，g；

　　　$m_0$——坩埚的质量，g。

挥发分 $V$ 计算：

$$V = 1 - A \tag{5-3}$$

## 五、数据处理

根据上述实验，填写记录表（表 5-2）。

表 5-2　固体废物灰分和挥发分的测定结果

| 项目 | 污泥 | | | | 生物质 | | | |
|---|---|---|---|---|---|---|---|---|
| | 第 1 次 | 第 2 次 | 第 3 次 | 平均值 | 第 1 次 | 第 2 次 | 第 3 次 | 平均值 |
| $m_0$/g | | | | | | | | |

| 项目 | 污泥 | | | | 生物质 | | | |
|---|---|---|---|---|---|---|---|---|
| | 第1次 | 第2次 | 第3次 | 平均值 | 第1次 | 第2次 | 第3次 | 平均值 |
| $m_1/g$ | | | | | | | | |
| $m_2/g$ | | | | | | | | |
| $A/\%$ | | | | | | | | |
| $V/\%$ | | | | | | | | |

## 六、思考题

对比污泥与生物质实验分析结果，可以从中得到什么结论？谈一谈你的看法。

## 实验3 ▶▶

# 有机固废的工业分析

## 一、实验目的

了解并掌握固体废物的工业分析组成的测定方法及原理。

## 二、实验原理

固体废物的化学组成通常采用工业分析组成、元素分析组成和成分分析组成方法表示，其中工业分析组成包括水分（$M$）、灰分（$A$）、挥发分（$V$）和固定碳（FC）四项，是了解和研究固体废物的最基本的特性参数。利用工业分析方法得出的结果可以清晰地反映固体废物中可燃组分和不可燃组分的含量。若上述四种组分的含量均用百分数来表示则有：

$$M + A + V + FC = 100\% \tag{5-4}$$

工业分析所给出的结果并不是固体废物的原始组成，而是在一定的分析条件下通过加热将固体废物中原有的极为复杂的组成加以分解和转化而得到的组成。

1. 水分（$M$）

固体废物中水分的测定，可采用本章实验1中的烘干法进行。

2. 灰分（$A$）和挥发分（$V$）

固体废物中灰分和挥发分的测定，且采用本章实验2中的方法进行。

3. 固定碳（FC）的测定

固定碳是固体废物的发热量计算的主要参数，其是从测定固体废物的挥发分的残渣中减去灰分后的残留物。可根据工业分析组成按下式进行计算得到：

$$FC = 100\% - (M + A + V) \tag{5-5}$$

## 三、实验材料与仪器

1. 实验材料

固体废物可根据实际情况选用人工配制的固体废物，也可以是污泥或树枝等实际产生的固体废物。

2. 实验仪器及耗材

马弗炉、电子天平、烘箱、干燥器、坩埚等。

## 四、实验步骤

1. 水分的测定

参照本章实验1进行。

2. 灰分和挥发分测定步骤

参照本章实验2进行。

3. 固定碳的测定

用100%将之前计算好的水分、灰分、挥发分减去，按式（5-5）计算即得。

## 五、数据处理

根据上述实验，填写记录表（表5-3）。

表5-3　固体废物水分、灰分、挥发分和固定碳测定结果

| 项目 | 污泥 | | | | 生物质 | | | |
|---|---|---|---|---|---|---|---|---|
| | 第1次 | 第2次 | 第3次 | 平均值 | 第1次 | 第2次 | 第3次 | 平均值 |
| $M$/% | | | | | | | | |
| $A$/% | | | | | | | | |
| $V$/% | | | | | | | | |
| FC/% | | | | | | | | |

## 六、思考题

固体废物水分、灰分、挥发分和固定碳的关系是什么？

## 实验4 ▸▸

# 有机固废的可燃分测定

## 一、实验目的

掌握固体废物中可燃分的测定方法及原理。

## 二、实验原理

将固体废物在规定条件下（815℃±10℃）灼烧，在此温度下，除了固体废物试样中有机物质均被氧化外，金属也成为氧化物，灼烧损失的质量就是试样中的可燃物含量，即可燃分。可燃分反映了有机固体废物中可燃成分的量，既是反映固体废物中有机物含量的参数，也是反映固体废物可燃烧性能的指标参数，是选择焚烧设备的重要依据。

## 三、实验材料与仪器

1. 实验材料

固体废物可根据实际情况选用人工配制的有机固废，也可选用污泥或树枝等实际固废。

2. 实验设备与仪器

马弗炉、电子天平、烘箱、坩埚、干燥器、烧杯。

## 四、实验步骤

可燃分的测定步骤与前述挥发分的测定步骤基本相同，所不同的是灼烧温度。

1. 准备 3 个坩埚，分别称取其质量（记为 $m_0$），并记录下来。

2. 各取 20g 烘干好的试样（绝对干燥），分别放入准备好的 3 个坩埚中（重复样）。

3. 将盛放有试样的坩埚放入马弗炉中，在 815℃下灼烧 1h，然后取出冷却。

4. 分别称量并记录数据 $m_1$ 和 $m_2$。若进行多次实验，则最后结果取平均值。

5. 计算试样所含的灰分。

灰分 $A$ 计算：

$$A = \frac{m_1 - m_0}{m_2 - m_0} \times 100\% \tag{5-6}$$

式中　$A$——试样的灰分含量，%；

　　$m_1$——灼烧后坩埚和试样的总质量，g；

　　$m_2$——灼烧前坩埚和试样的总质量，g；

　　$m_0$——坩埚的质量，g。

可燃分 CS 计算：

$$CS = 1 - A \tag{5-7}$$

## 五、数据处理

根据上述实验，填写记录表（表 5-4）。

表 5-4　固体废物可燃分的测定结果

| 项目 | 污泥 | | | | 生物质 | | | |
|---|---|---|---|---|---|---|---|---|
| | 第 1 次 | 第 2 次 | 第 3 次 | 平均值 | 第 1 次 | 第 2 次 | 第 3 次 | 平均值 |
| $m_0$/g | | | | | | | | |

| 项目 | 污泥 | | | | 生物质 | | | |
|---|---|---|---|---|---|---|---|---|
| | 第1次 | 第2次 | 第3次 | 平均值 | 第1次 | 第2次 | 第3次 | 平均值 |
| $m_1/g$ | | | | | | | | |
| $m_2/g$ | | | | | | | | |
| $A/\%$ | | | | | | | | |
| $CS/\%$ | | | | | | | | |

## 六、思考题

有机固体废物中的可燃分是不是有机固体废物燃烧热的全部来源?

## 实验5 ▶▶

# 有机固废的热值测定

## 一、实验目的

1. 学会使用氧弹量热计测定固体废物的热值。
2. 了解氧弹量热仪的工作原理和构造，学会其使用方法。
3. 掌握测定有机固体废弃物热值的条件。
4. 掌握雷诺图解法校正温度改变值的方法。

## 二、实验原理

热值是有机固体废弃物的一个重要的物理化学指标，是分析有机固体废弃物的燃烧性能，判断能否选用燃烧法进行焚烧处理的重要依据。根据经验，当有机固体废弃物的低位热值大于3350kJ/kg时，燃烧过程可以自发进行，无须添加助燃剂。

有机固废的热值是指单位质量的有机固废与氧完全燃烧，并使反应产物回到参加反应物质的起始温度时能放出的热量。完全燃烧是指燃料中的碳完全转变为二氧化碳、氢转变为水、硫转变为二氧化硫。根据燃烧产物中水的存在状态不同，热值又有低位热值和高位热值之分。产物为20℃的水蒸气时的热值为低位热值（low heating value, LHV, 简称低热值）；产物为0℃的液态水时的热值就为高位热值（high heating value, HHV, 简称高热值），两者的差值即为20℃水蒸气冷凝为0℃的液态水所放出的热量（即汽化潜热）。由于水蒸气的这部分汽化潜热是不能加以利用的，故在有机固废焚烧处理中一般都使用低位热值进行设计和计算。

测量固废热值时用的仪器称为量热仪。量热仪的种类很多，氧弹量热仪是最常应用的一种，图5-1是氧弹量热仪剖面图。

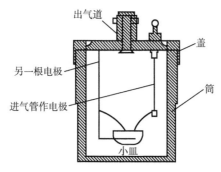

图5-1　氧弹量热仪剖面图

测量原理是：根据能量守恒定律，样品完全燃烧放出的能量促使氧弹及其周围的介质（一般为水）温度升高，通过测量介质在燃烧前后温度的变化即可计算出该样品的热值，其计算式为

$$mQ_v = (V_水 \rho c + C_卡)\Delta T - 2.9L \tag{5-8}$$

式中　$Q_v$——燃烧热，J/g；

$\rho$——水的密度，$g/cm^3$；

$c$——水的比热容，J/(℃·g)；

$m$——样品的质量，g；

$C_卡$——氧弹的水当量，即量热体系温度升高 1℃时所需的热量，J/℃；

$L$——铁丝的长度，cm，其燃烧值为 2.9J/cm；

$V_水$——实验用水量，mL；

$\Delta T$——温度差，℃。

测量时，称取一定量的有机固废试样，压成小片，放在氧弹内，氧弹放在量热计中，容器中盛有一定量的水。通电点火，使压片燃烧。当出现因样品热值过低而着火失败的现象时，可在样品中加入助燃剂，苯甲酸因其热值稳定而被广泛使用。此时样品的热值计算如下：

$$Q_2 = \frac{Q - m_1 q_1}{m_2} \tag{5-9}$$

式中　$Q_2$——样品热值，J/g；

$Q$——总发热量，J/g；

$m_1$——苯甲酸质量，g；

$q_1$——苯甲酸热值，26467J/g；

$m_2$——样品质量，g。

为了实验的准确性，需保证有机固废完全燃烧。为使固废中的有机组分燃烧完全，通过在氧弹中充以 2.5～3.0MPa 的高压氧气。因此，要求氧弹密封、耐高压、耐腐蚀，同时样品必须压成片状，以免充气时冲散样品，使燃烧不完全，从而引进实验误差。同时还必须使燃烧后放出的热量不散失，不与周围环境发生热交换，全部传递给量热仪本身和其内盛放的水，促使量热仪和水的温度升高。为了减少量热仪与环境的热交换，量热仪放在一恒温的套壳中，因此称环境恒温或外壳恒温量热仪。量热仪的内壁须高度抛光，以减少热辐射而造成的散热损失。量热仪和套壳间有一层挡屏，以减少空气的对流。虽然如此，热漏还是无法避免，因此，燃烧前后的温度变化的测量值必须经过雷诺图解法校正，其校正方法如下。

称适量待测物质，使燃烧后水温升高 1.5～2.0℃。预先调节水温低于室温 0.5～1.0℃，然后将燃烧前后历次观察的水温对时间作图，连成 *FHIDG* 折线（如图 5-2 所示），图中 *H* 相当于开始燃烧之点，*D* 点为观察到的最高温度读数点，作相当于室温之平行线 *JI* 交折线于 *I*，过 *I* 点作 *ab* 垂线，然后将 *FH* 线和 *GD* 线外延交 *ab* 线于 *A*、*C* 两点，*A* 点与 *C* 点所表示的温度差即为欲求温度的升高 $\Delta T$。途中 $AA'$ 为开始燃烧到温度上升至室温这一段时间 $\Delta t_1$ 内，由环境辐射进来和搅拌引进的能量而造成量热仪温度的升高，必须扣除。$CC'$ 为温度由室温升高到最高点 *D* 这一段时间 $\Delta t_2$ 内，量热仪向环境辐射出能量而造成量热仪温度的降低，因此需要添加。由此可见，*A*、*C* 两点的温差较客观地表示了由于样品燃烧促使量热仪温度升高的数值。

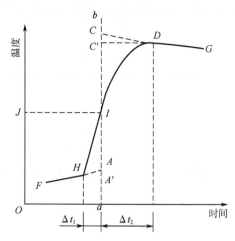

图5-2　绝热较差时雷诺校正图

有时量热仪的绝热情况良好，热漏小，而搅拌器功率大，不断搅拌引起的能量就会使得燃烧后的最高点不出现（图 5-3）。这种情况下 $\Delta T$ 仍可以按照同法校正。

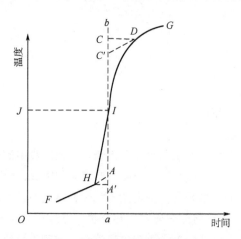

图5-3　绝热良好时雷诺校正图

温度测量采用贝克曼温度计，其工作原理和调节方法可参照其出厂随带的产品使用说明书。

由式（5-8）可知，欲求待测试样的热值，必先知道氧弹量热仪的水当量值。常用的方法是利用已知热值的标准样（苯甲酸）在氧弹中燃烧，从量热体系的温升即可求得 $C_卡$。所以热值的测量方法是分两步进行的，首先由已知热值的标准样品的燃烧热确定出 $C_卡$，然后测定样品热值。

## 三、实验材料与仪器

### 1. 实验设备
氧弹量热仪、放大镜、氧气钢瓶、贝克曼温度计（精确至 0.01℃，记录数据时应记录至 0.002℃）、氧气表、0～100℃温度计、压片机（两台，苯甲酸和样品各用一台）、万用电表、实验用变压器、氧弹架、台秤、分析天平。

### 2. 实验材料
苯甲酸（分析纯或燃烧热专用）、燃烧丝（采用铁丝，$Q=6700J/g$）、固体废物（可根据实际情况选用人工配制的固体废物，也可以是污泥或树枝等实际产生的固体废物）。

## 四、实验步骤

### 1. 量热体系水当量的测定
（1）量取 15cm 燃烧丝，在分析天平上称重（约 0.010g）。

（2）压片。称取苯甲酸 1.0g（勿超过 1.1g），如图 5-4 所示，将燃烧丝穿在模子的底板内，下面填以模托，徐徐旋紧压片机的螺丝（图 5-5），直到压紧样品为止（压得过紧会压断燃烧丝，以致样品点火不能燃烧起来）。抽去模底下的模托，再继续向下压，则样品和模底一起脱落。压好的样品形状如图 5-6 所示。注意压片前后应将压片机擦干净，苯甲酸和样品不能混用一台压片机。

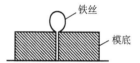

图5-4 铁丝穿在模板内

（3）称重。将样品片表面刷净，在分析天平上准确称量至±0.0002g，供燃烧使用。

（4）系燃烧丝。拧开氧弹盖，将盖放在专用架上。将坩埚放在坩埚架上，然后将试样置入其中，并将其上的燃烧丝两端绑牢于氧弹中两根电极上，在氧弹中加入 1mL 蒸馏水（以吸收氮氧化物），打开氧弹出气口，旋紧氧弹盖。用万用电表检查两电极是否通路。若通路，则旋紧出气口后充氧气。

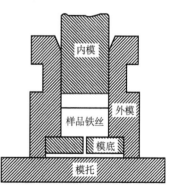

图5-5 压片机

（5）充氧气。充氧气方法如图 5-7 所示，取下氧弹上进氧阀螺帽，将钢瓶氧气管接在上面，此时减压阀门 2 应逆时针旋松（即关闭），小心开启钢瓶阀门 1，此时表 1 即有指示。再稍稍拧紧减压阀门 2，使低压氧气表 2 指针位于 0.3～0.5MPa，然后略微旋开氧弹出气口，以排除氧弹内原有的空气。如此反复一次后，旋紧氧弹出气

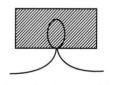

图5-6 压好的样品

口4，再拧紧减压阀门2，让低压氧气表2指示在2.5~3.0MPa，停留1~2min后旋松（即关闭）减压阀门2，关闭阀门1，再松开导气管，氧弹已充有2.1MPa的氧气（注意不可超过3.0MPa），可作燃烧之用。但阀门2到阀门1之间尚有余气，因此要旋紧减压阀门2以放掉余气，再旋松阀门2，使钢瓶和氧气表头恢复原状。然后装上螺帽，再次用万用电表测量充好氧气的氧弹两极是否通路，通路则进行下一步。

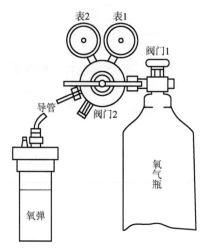

图5-7 氧弹充气示意图

（6）如图5-8所示，准备量取已被调节到低于室温0.5~1.0℃的自来水3000mL，倒入盛水桶内（勿溅出）。再将氧弹放入恒温套层内，断开变压器点火开关，将氧弹两电极用电线连接在点火变压器上就可以接好点火电路。将调节好的贝克曼温度计插入水中，并使水银球位于氧弹1/2处。装好搅拌马达，用于转动搅拌器，检查桨叶是否碰壁。于外套内注入较量热仪内的水温约高0.7℃的水，盖好量热仪的盖子，接通电源，开动搅拌器搅拌5min，使量热仪与周围介质建立起均衡的热交换，然后开始记录温度。

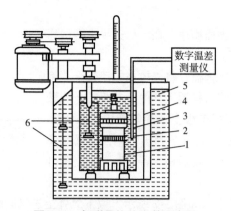

图5-8 氧弹量热仪安装示意图

1—氧弹；2—数字温差测量仪；3—内桶；4—抛光挡板；5—水保温层；6—搅拌器

（7）温度的测定。温度的变化可分为前期、中期和末期3个阶段。

前期是试样燃烧以前的阶段。在此阶段观察和记录周围环境与量热体系在测定开始温度下的热交换关系，每隔 1min 读取贝克曼温度计一次（读数时用放大镜准确读到 0.001℃），这样继续 10min。

中期是试样燃烧并把热量传给量热器的阶段。在前期最后一次读取温度的同时，按点火开关点火。若变压器上指示灯亮后熄灭，温度迅速上升，表示氧弹内样品已燃烧；若指标灯根本不亮或者虽加大电流但指示灯仍不熄灭，而且温度也没有迅速上升，则须打开氧弹检查原因。自按下点火开关后，读数应改为每隔 15s 一次，直到温度不再上升并开始下降为止。

末期是实验终了阶段。在主期读取最后一次温度后，继续读取温度 10 次，作为实验末期温度。每 0.5min 读取温度一次，目的是观察在实验终了温度下量热体系与环境的热交换情况。

（8）测温停止后，关闭搅拌器，断开电源，先取下温度计放好；从量热仪中取出氧弹，慢慢旋松放气阀，使弹内气体放尽后旋出氧弹盖，仔细检查样品燃烧的结果，若氧弹中没有燃烧的残渣，表示燃烧完全；若氧弹内有黑烟或未燃尽的试样微粒，则表示燃烧不完全，需要重做实验。燃烧后剩余燃烧丝的长度必须用尺测量，求出实验消耗掉的长度。

（9）用蒸馏水洗涤氧弹内各部分，将洗涤液连同氧弹内的水倒入锥形瓶中，加热微沸 5min，以排出 $CO_2$，然后用 0.1mol/L NaOH 溶液滴定，至粉红色保持 15s 不变，记录消耗 NaOH 溶液的体积。如果发现在坩埚或者氧弹内有积炭，则此次实验作废。

（10）取下贝克曼温度计和搅拌器，用布擦干；将量热器中的水倒出，擦干；将氧弹内外及燃烧皿擦干，以待下次使用。

2. 样品热值的测定

（1）固体状样品的测定：将混合均匀具有代表性的有机固体废弃物用四分法缩分后粉碎至粒径为 2mm 的微粒；若含水率高，则应在 105℃的条件下烘干至恒重，并记录水分含量。称取 1.0g 左右样品，同法进行上述实验。

（2）流动性样品的测定：对于流动性的污泥或不能压成片状的废弃物，则称取 1.0g 左右样品，置于小皿，铁丝中间部分浸在样品中间，两端与电极相连，同法进行上述实验。

## 五、注意事项

1. 压片的紧实需适中，太紧不易燃烧。燃烧丝需压在压片内，如浮在片子面上会引起样品熔化而脱落，不发生燃烧。

2. 燃烧丝不得掉入水池，不能碰到坩埚。

3. 保证待测样品干燥，受潮样品不易燃烧且称量有误。

4. 使用氧气钢瓶，一定要按照要求操作，注意安全。往氧弹内充入氧气时，一定不能超过指定的压力，以免发生危险。

5. 燃烧丝与两电极及样品片一定要接触良好，不能有短路。

6. 测定仪器热容与测定样品的条件应该一致。

7. 氧气遇油脂会爆炸。因此氧气减压器、氧弹以及氧气通过的各个部件，各连接部分不允许有油污，更不能使用润滑油。

8. 工作时，实验室应关好门窗，尽量减少空气对流。

## 六、数据处理

1. 实验数据记录至表 5-5。采用图解法求出由苯甲酸燃烧引起量热仪温度变化的差值$\Delta t_1$，并根据公式计算量热仪的水当量 $C_卡$。

表 5-5　量热仪水当量的测定

| 室温/℃ | | | | | | 大气压/MPa | | | | |
|---|---|---|---|---|---|---|---|---|---|---|
| 苯甲酸质量/g | | | | | | 夹套水的温度/℃ | | | | |
| 点火前 | 时间/s | | | | | | | | | |
| | 温差/℃ | | | | | | | | | |
| 点火中 | 时间/s | | | | | | | | | |
| | 温差/℃ | | | | | | | | | |
| 升温趋缓后 | 时间/s | | | | | | | | | |
| | 温差/℃ | | | | | | | | | |
| 引燃铁丝 | 起始长度/cm | | 剩余长度/cm | | | 燃烧长度/cm | | | | |

2. 实验数据记录至表 5-6。采用图解法求出样品燃烧引起量热仪温度变化的差值$\Delta t_2$，并根据公式计算样品的热值 $Q_v$。

表 5-6　样品燃烧热的测定

| 室温/℃ | | | | | | 大气压/MPa | | | | |
|---|---|---|---|---|---|---|---|---|---|---|
| 样品质量/g | | | | | | 夹套水的温度/℃ | | | | |
| 点火前 | 时间/s | | | | | | | | | |
| | 温差/℃ | | | | | | | | | |
| 点火中 | 时间/s | | | | | | | | | |
| | 温差/℃ | | | | | | | | | |
| 升温趋缓后 | 时间/s | | | | | | | | | |
| | 温差/℃ | | | | | | | | | |
| 引燃铁丝 | 起始长度/cm | | 剩余长度/cm | | | 燃烧长度/cm | | | | |

## 七、思考题

1. 氧弹测定物质的热值，经常出现点火不燃烧的现象，使得热值无法测定。请问发生上述现象的原因是什么?如何解决?

2. 在利用氧弹量热计测量废物的热值时，有哪些因素可能影响测量分析的精度?

3．固体状样品和流动状样品的热值测量方法有何不同？

# 5.2 有机固废的能源化利用技术

有机固废的能源化利用是在一定的工艺条件下，将有机固废转化为能源或能源载体而实现资源化利用的方法。根据工艺条件和转化方式的不同，有机固废能源化利用可分为燃烧、热解气化、水热气化、热解液化、水热液化、热解炭化、水热炭化、生物气化（厌氧发酵产甲烷）。

## 实验6 ▶▶
## 有机固废的燃烧实验

### 一、实验目的

1．熟悉同步热分析仪的工作原理与操作方法。
2．理解有机固废燃烧特性参数的计算方法。
3．熟悉固态反应动力学理论，掌握热化学反应活化能计算方法。

### 二、实验原理

固体废弃物的燃烧，是指将一定形状与尺寸的固体废弃物，在合适的设备与工艺条件下与氧气（或空气中的氧气）充分接触并燃烧，通过热化学反应将固体废弃物中的有机成分氧化为小分子物质并释放热量的过程。通过焚烧处理可有效减少有机固废对环境造成的危害，并回收其中能量进行利用。有机固体废弃物经焚烧处理后，其体积可比原来缩小 50%～80%，分类收集的可燃性垃圾经焚烧处理后甚至可缩小 90%。因此，有机固废的燃烧是一种能源化、无害化、减量化效果非常显著的处理方式。

同步热分析仪是一种利用热重法检测物质温度-质量变化关系的仪器，其外形如图 5-9 所示。热重法是在程序控温下，测量物质的质量随温度（或时间）的变化关系。一般而言，热重分析仪温度范围在 25～1000℃左右，拥有较高的加热与冷却速率，有效精度能达到 1μg（内部精度：0.1μg）。其结构为真空密封结构，能直接测定样品温度。

采用同步热分析仪，在线、定量地检测有机固废在燃烧条件下的热失重特性，通过分析输出的 TG、DTG 数据，经计算获得其焚烧特性参数，可以评价有机固废的燃烧特性、燃烧效率以及热化学反应动力学特性，为研究有机固废的焚烧特性提供数据基础与理论支撑。

图5-9 同步热分析仪

1. 有机固废焚烧特性参数
各样品的燃烧特性可以通过平均燃烧速率、着火温度、燃尽温度、着火指标、燃尽指标以及综合燃烧特性等指标来表征。图 5-10 以褐煤在 20℃/min 升温速率下的热重实验为例说明如何获得各燃烧特性参数。

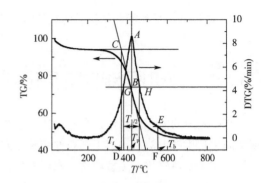

图5-10 褐煤在20℃/min升温速率下单独热解曲线

（1）着火温度 $T_i$。着火温度 $T_i$（℃）是指样品开始着火时对应的温度，如图 5-10 所示，过 DTG 峰值 $A$ 点作温度坐标轴的垂线与 TG 曲线交于点 $B$，过点 $B$ 作 TG 曲线切线与样品开始失重水平线交于点 $C$，$C$ 点所对应的温度为着火温度，图 5-10 中着火温度 $T_i$ 为 366℃。

（2）最大燃烧速率 $DTG_{max}$。最大燃烧速率 $DTG_{max}$（%/min）是指样品达到最大燃烧速率时对应值，为 DTG 曲线峰值，图 5-10 中为 8.35%/min。$DTG_{av}$（%/min）为平均燃烧速率，实验过程中平均每分钟的燃烧质量损失。

（3）最大燃烧速率温度 $T_p$。最大燃烧速率温度 $T_p$（℃）是指 DTG 峰值对应的温度，本例中 $T_p$=419℃。$t_p$ 为达到最大燃烧速率时对应的时间，由初始温度、升温速率及最大燃烧速率对应温度计算得到，图 5-10 中 $t_p$=19.30min。

（4）半峰温度区间 $\Delta T_{1/2}$。半峰温度区间 $\Delta T_{1/2}$（℃）是指 DTG 曲线中 $G$、$H$ 点所对应的值为 $DTG_{max}$ 值的 1/2，两点间所对应的温度区间为。本例中 $\Delta T_{1/2}$= 78.52℃。$\Delta t_{1/2}$（min）为半峰温度区间对应的时间。图 5-10 中 $\Delta t_{1/2}$= 3.93min。

（5）燃尽温度 $T_b$。燃尽温度 $T_b$（℃）是指样品燃烧至质量稳定时的温度。选 DTG 坐标中燃烧速率为 1%时的点做水平线，与 DTG 曲线在燃烧后期交点为 $E$，与之相对应的温度点 $F$ 点即为燃尽温度，本例中 $T_b$=553℃。$t_b$ 为达到最大燃烧速率时对应的时间，由初始温度、升温速率及燃尽温度计算得到，图 5-10 中 $t_p$=26min。

（6）$D_i$ 表示样品的着火特性，可以评价样品着火难易以及快慢等特性，如式（5-10）所示。

$$D_i = \frac{DTG_{max}}{T_i T_p} \tag{5-10}$$

（7）$D_b$ 用来评价样品的燃尽特性，与焦炭的燃烧速率有关，燃尽温度越高，燃尽特性越差，如式（5-11）所示。

$$D_b = \frac{DTG_{max}}{t_p t_b \Delta t_{1/2}} \tag{5-11}$$

（8）$D_c$ 表示样品燃烧的综合特性，全面体现了样品着火、燃尽特性值越大，样品的燃烧特性越好，如式（5-12）所示。

$$D_c = \frac{DTG_{max} \times DTG_{av}}{T_i^2 T_b} \tag{5-12}$$

2. 动力学计算

可将每一热解组分的反应都看成一个竞争反应，并通过三种模型的对比分析来揭示共热解过程中多组分的交互协作机制。模型对热解反应做了如下假设：a.热解反应速率

常数 $k$ 满足 Arrhenius 定律；b.挥发分在热解过程中的吸热忽略不计；c.认为热解过程中大分子有机物裂解为挥发性气体即被载气以恒定流速带出反应区，因而忽略热解气相产物的二次裂解；d.假设样品颗粒为短圆柱体并在反应中保持恒定。动力学分析采用非等温法进行，将热解过程分割成无限小的时间区间，在每个区间内都将反应过程近似为等温过程。活化能 $E$ 和指前因子 $A$ 的计算采用 Coats-Redfem 积分法，并对积分结果进行分离变量求解后得到式 (5-13)：

$$\ln\left[\frac{g(\alpha)}{T^2}\right] = \ln\left(\frac{AR}{\beta E}\right) - \frac{E}{RT} \tag{5-13}$$

式中，$g(\alpha)$ 为反应机理函数；$\alpha$ 为转化率；$T$ 为反应温度，K；$A$ 为指前因子，$min^{-1}$；$R$ 是摩尔气体常数，其值为 8.314 J/(mol·K)；$\beta$ 为升温速率，K/min；$E$ 为反应的活化能，kJ/mol。

求解时选择不同的机理函数 $g(\alpha)$ 代入式 (5-13)，将热失重实验结果以 $\ln\left[\dfrac{g(\alpha)}{T^2}\right]$ 对 $1/T$ 作图可得拟合直线，此时拟合直线的斜率和截距分别为 $-\dfrac{E}{R}$ 和 $\ln\left(\dfrac{AR}{\beta E}\right)$，由此求得 $E$ 和 $A$。

表 5-7 列出了用于描述固态反应动力学行为的一些反应机理方程，表中 $g(\alpha) = \displaystyle\int_0^\alpha \frac{d\alpha}{f(\alpha)}$。需要指出的是，模型中的反应级数 $n$ 可以是正的、负的、整数或分数，但一般认为 $n$ 介于 0~3 范围时，模拟结果的准确性和可靠性较高，因此选用的反应级数为 0~3 级。

表 5-7  固态反应中的主要机理函数

| Reaction model | 微分式 $f(\alpha)$ | 积分式 $g(\alpha)$ |
|---|---|---|
| Zero-order (F0) | 1 | $\alpha$ |
| First-order (F1) | $1-\alpha$ | $-\ln(1-\alpha)$ |
| nth-order (Fn) | $(1-\alpha)^n$ | $\left[1-(1-\alpha)^{1-n}\right]/(1-n)$ |
| 1-D | $1/2\alpha$ | $\alpha^2$ |
| 2-D | $\left[-\ln(1-\alpha)\right]^{-1}$ | $(1-\alpha)\ln(1-\alpha)+\alpha$ |
| 3-D-J (Jander) | $3/2(1-\alpha)^{-1/3}$ | $\left[1-(1-\alpha)^{1/3}\right]^2$ |
| 3-D-G (Ginstling-Brounshtein) | $3/2\left[(1-\alpha)^{-1/3}-1\right]^{-1}$ | $1-2/3\alpha-(1-\alpha)^{2/3}$ |
| Contracting area (CA) | $(1-\alpha)^{1/2}$ | $1-(1-\alpha)^{1/2}$ |
| Contracting volume (CV) | $(1-\alpha)^{2/3}$ | $1-(1-\alpha)^{1/3}$ |

## 三、实验材料与仪器

1. 实验材料
有机固体废弃物，如市政污泥、工业污泥、褐煤等；高纯氮气等。
2. 实验仪器
同步热分析仪、鼓风干燥箱、电子天平等。

## 四、实验步骤

1．样品准备：市政污泥可采用市政污水处理厂脱水污泥，工业污泥可采用印染厂等污水处理厂的脱水污泥，褐煤可采用煤矿原煤。实验前市政污泥、工业污泥与褐煤干燥粉碎，置于烘箱内 105℃恒温脱水至恒重，分别粉碎过筛后收集样品（粒径可介于 100～120μm），保存于干燥皿中备用。

2．样品称量：称量 10mg 左右混合均匀的有机固废（误差在 0.1mg）。

3．取一氧化铝坩埚打开盖子，将样品装入氧化铝坩埚（约直径 5mm、长 3mm 圆柱）中，并平铺在坩埚底部，保证样品体积不超过坩埚最大容积的 2/3，将氧化铝坩埚盖子合上。

4．启动同步热分析仪，检查是否正常运行，打开气体阀门等待 30min。待仪器稳定后，将氧化铝坩埚置于热分析仪的测试杆上，等待仪器运行的基线稳定。

5．在同步热分析仪软件中设置升温程序与检测条件，完成设定后开始初始化与检测。可参考下述设置：

温度范围：25～850℃；

升温速率：10℃/min；

实验气氛：空气；

气体流量：90mL/min。

6．检测结束后，使用热分析仪的自带软件导出热失重数据并进行分析。

7．待测试热分析仪显示温度降至室温后，取出氧化铝坩埚，并设置重新归位后，关闭气瓶开关与仪器电源。

## 五、数据处理

1．热重数据分析

对有机固废的燃烧过程的热失重数据进行分析，并分别绘出市政污泥、工业污泥、褐煤的热失重 TG 与失重速率 DTG 曲线，分别绘入图 5-11 中。

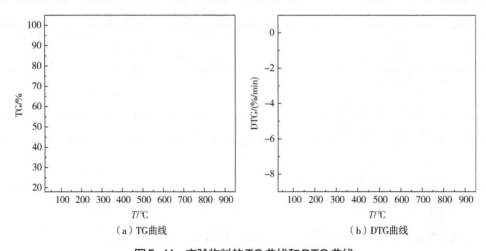

（a）TG曲线 （b）DTG曲线

图 5-11　实验物料的 TG 曲线和 DTG 曲线

## 2. 燃烧特性参数

表 5-8　各有机固废原料的燃烧特性参数

| 有机固废样品 | $T_i$ /℃ | $T_p$ /℃ | $T_b$ /℃ | $\Delta T_{1/2}$ /℃ | $DTG_{max}$ /（%/min） | $D_i$ /［%/（min·℃²）］ | $D_b$ /（%/min⁴） | $D_c$ /［%²/（min²·℃³）］ |
|---|---|---|---|---|---|---|---|---|
| 市政污泥 | | | | | | | | |
| 工业污泥 | | | | | | | | |
| 褐煤 | | | | | | | | |
| 市政污泥与褐煤（1:1） | | | | | | | | |
| 工业污泥与褐煤（1:1） | | | | | | | | |

表 5-9　各有机固废原料燃烧过程的活化能 $E_a$

| 有机固废样品 | 温度区间 /℃ | 拟合方程 $g(\alpha)$ | $R^2$ | 活化能 $E_a$ /（kJ/mol） | 指前因子 $A$ /min⁻¹ |
|---|---|---|---|---|---|
| 市政污泥 | | | | | |
| | | | | | |
| 工业污泥 | | | | | |
| | | | | | |
| 褐煤 | | | | | |
| | | | | | |
| 市政污泥与褐煤（1:1） | | | | | |
| | | | | | |
| 工业污泥与褐煤（1:1） | | | | | |
| | | | | | |

## 六、思考题

1. 工业污泥与市政污泥单独燃烧时，与其掺混褐煤燃烧时相比，其焚烧特性参数分别有什么变化？是哪些原因导致的？

2. 工业污泥与市政污泥单独燃烧时，与其掺混褐煤燃烧时相比，其活化能的变化主要体现在哪个温度区间？是什么原因导致的？

## 实验 7 ▸▸
# 有机固废的热解气化实验

## 一、实验目的

1. 理解采用热解气化技术的工艺原理、流程和操作。
2. 分析热解产生的燃气成分、燃气热值随热解时间的变化过程。
3. 掌握燃气成分的分析方法，以及燃气热值的计算方法。
4. 了解气相色谱的测试步骤和方法。

## 二、实验原理

热解技术是指在无氧或缺氧的气氛下，利用热能切断其大分子物质分子内和分子间的化学键，使之转化为小分子物质，产生焦炭、可冷凝裂解油和不可冷凝气体的过程。有机固体废弃物中含有大量的挥发分，具有很好的热解特性，利用热解技术能够对其实现减量化处理，同时"变废为宝"，实现资源的再利用，具有较好的环境效益、经济效益和社会效益。

固体有机废弃物的热解是一个极其复杂的化学反应过程，它包括大分子的键断裂、异构化和小分子的聚合等反应，这一过程可以用下式来表示。

有机垃圾 ——→ 气体（$H_2$、$C_mH_n$、$CO$、$CO_2$、$NH_3$、$H_2S$、$HCN$、$H_2O$、$SO_2$ 等）+有机液体（焦油、芳烃、煤油、有机酸、醇、醛类等）+固体（炭黑、灰渣等）

有机物的热稳定性取决于组成分子的各原子的结合键的形成及键能的大小，键能大的难断裂，其热稳定性高；键能小的易分解，其热稳定性差。

有机废弃物热解气化是追求气体产物产率为目标的热解过程，一般需要高温热解（700～900℃）、较短的固相停留时间（<15min）、较长的气相滞留时间（1～5s）和较高的加热速率（>100℃/min），所得热解气的成分种类较多，常用作工艺回用能源或供热产电，也用于生产合成气，部分组分还可冷凝作为化工原料。

目前，一般认为温度、升温速率、物料种类和含水率等参数是影响有机废弃物热解气化产物产率及组分分布的重要因素。温度是热解的重要参数之一，通常情况下热解温度越高越有利于热解气体的产生。

## 三、实验材料与仪器

1. 实验材料

固体废物可根据实际情况选用人工配制的固体废物，也可以是污泥或树枝等实际产生的生物质废物。图 5-12 是以脱水污泥为原料的热解工艺流程。

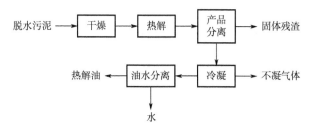

图 5-12 污泥热解的基本流程

2. 实验装置

管式炉、皂膜流量计、坩埚等。

3. 实验仪器

鼓风干燥箱、电子天平、烟气分析仪、管式炉等。

## 四、实验步骤

1. 准备原料。称取污泥 0.9g 和木屑生物质 2.1g，按 3∶7 比例混合均匀。

2. 放置原料。将准备好的原料放入坩埚中，放置在管式炉特定位置。

3. 设置温度程序。将热解终温依据表 5-10 进行分组设置。

4. 实验前通入氮气 40min，排空整个系统内的空气。

5. 将氮气流量调至 200mL/min，待稳定后，出口端利用皂膜流量计进行标定。

6. 准备就绪，开启实验运行按钮。

7. 待温度升至设定温度，将管式炉滑至坩埚区域，对原料进行热解，同时后端连接采样袋收集气体。采集气体用烟气分析仪进行成分测定，主要记录 $H_2$、CO、$CH_4$、$CO_2$ 的含量，以便后续分析。

8. 热解实验结束后，让炉体自动降温，降至室温后，取出坩埚，收集固相产物进行称重。

9. 关闭总电源，清理实验台。

## 五、注意事项

高温实验，注意操作安全，不要越过警戒线。

## 六、数据处理

1. 将实验数据及分析结果记录于表 5-10。

表 5-10 有机固体废弃物热解气化实验数据及分析结果

| 热解温度/℃ | 热解气 | | | | | | 热解渣总质量/g | 热解液总质量/g |
| --- | --- | --- | --- | --- | --- | --- | --- | --- |
| | 总质量/g | $H_2$/% | CO/% | $CH_4$/% | $CO_2$/% | LHV/（MJ/m³） | | |
| 700 | | | | | | | | |

| 热解温度/℃ | 热解气 | | | | | | 热解渣总质量/g | 热解液总质量/g |
|---|---|---|---|---|---|---|---|---|
| | 总质量/g | $H_2$/% | CO/% | $CH_4$/% | $CO_2$/% | LHV/($MJ/m^3$) | | |
| 750 | | | | | | | | |
| 800 | | | | | | | | |
| 850 | | | | | | | | |
| 900 | | | | | | | | |
| 950 | | | | | | | | |

2. 绘制三相产物比例随热解温度的变化趋势图。

3. 绘制气体热值、碳转化率随热解温度的变化趋势图。

## 七、思考题

1. 气体体积和质量的计算方法是什么?
2. 三相产物的质量如何计算?
3. 随着热解温度的升高,产物特性和比例的变化趋势是怎样的?

## 实验8 ▶▶

# 有机固废的水热气化实验

## 一、实验目的

1. 了解有机固体废弃物水热反应的过程和原理、流程和操作。
2. 掌握水热气化的操作特点及影响水热气化结果的主要因素。

## 二、实验原理

水热处理过程是有机废弃物在热水中进行重整的热化学转化过程。与其他热化学处理技术相比，水热处理技术的反应温度较低，且无须对原料进行干燥预处理，在一定程度上起到了节能的作用。但有机废弃物的水热处理过程十分复杂，伴随着一系列复杂的物理和化学反应，如物质传递、热量传递和水解、聚合等化学反应，其产物种类复杂丰富。目前，水热处理已被广泛应用于从高含水率的有机废弃物中回收燃料和化学物质。根据水热条件的强烈程度和处理目标的不同，水热处理可分为水热气化、水热液化和水热炭化三种。

水热气化是以追求气体产物产率为目标的水热处理过程。依据水热气化条件和主要气体产物，水热气化可以划分为以下三类。

(1) 水相重整：在 215~265℃的条件下，废弃物中的有机组分在 Pt、Ni、Ru 等异相催化剂的作用下主要产生 $H_2$ 和 $CO_2$。

(2) 近临界催化气化：在 350~400℃的条件下，废弃物中的有机组分在异相催化剂作用下主要产生 $CH_4$ 和 $CO_2$。

(3) 超临界水气化：废弃物中的有机组分在无须添加催化剂的条件下主要被气化成 $H_2$ 和 $CO_2$，在更高温度下可以实现有机废弃物的完全气化，但负载催化剂可以降低反应温度。

有机废弃物水热处理的简单工艺流程如图 5-13 所示。

图 5-13　有机废弃物水热处理流程

## 三、实验材料与仪器

1. 实验材料

固体废物可根据实际情况选用人工配制的固体废物，也可以是污泥或树枝等实际产生的固体废物。

2. 实验装置

高压水热反应釜、质量流量计等。

3. 实验仪器

鼓风干燥箱、电子天平、气体成分分析仪等。

## 四、实验步骤

1. 研究水热温度对水热气化过程的影响

(1) 称取适量样品，加入高压水热反应釜中，同时加入适量去离子水（保证水和样品的体积占到容器容量的 50%~80%），密封后抽真空。

(2) 按实验要求对高压水热反应釜进行预充压，使用气体为 $N_2$，最终系统压力应等于水热温度下对应的饱和蒸气压与水热温度下的充压之和，保证最终系统压力为 22MPa。

(3) 将充压完成的高压水热反应釜釜体安装到反应器上，采用电加热的方式进行加热至最终水热温度，水热停留时间统一设置为 60min。

（4）反应结束后，降温至室温，收集水热反应后的水热液、水热渣和水热气。

（5）将水热气称重，分析不同温度下水热气质量的变化，并采用气体成分分析仪分析气体的组成。

（6）改变水热温度重复上述步骤，温度梯度设置为100℃、200℃、300℃、400℃。将实验数据记录于表5-11。

2. 研究水热压力对水热气化的影响

（1）称取适量样品，加入高压水热反应釜中，根据样品含水率加入适量水（保证水和样品的体积占到容器体积的50%~80%），密封后抽真空。

（2）按实验要求对高压水热反应釜进行预充压，使用气体为$N_2$，最终系统压力应不低于水热温度下对应的饱和蒸气压与水热温度下的充压之和。设定最终系统压力为10MPa。

（3）将充压完成的高压水热反应釜釜体安装至反应器上，采用电加热的方式进行加热至最终水热温度400℃，水热停留时间统一设置为60min。

（4）反应结束后，降温至室温，收集水热反应后的水热液、水热渣和水热气。

（5）将水热气称重，分析不同温度下水热气质量的变化，并采用气体成分分析仪分析气体的组成。

（6）改变水热压力重复上述步骤，压力梯度设置为15MPa、20MPa、25MPa。将实验数据记录于表5-12。

3. 研究物质组分对水热气化的影响

（1）选取一种有机废弃物（如污泥、锯末），称取适量样品，加入高压水热反应釜中，根据样品含水率加入适量水（保证水和样品的体积占到容器体积的50%~80%），密封后抽真空。

（2）分别按实验要求对高压水热反应釜进行预充压，使用气体为$N_2$，最终系统压力应等于水热温度下对应的饱和蒸气压与水热温度下的充压之和。

（3）将充压完成的高压水热反应釜釜体安装至反应器上，采用电加热的方式进行加热至最终水热温度400℃，水热停留时间统一设置为60min。

（4）反应结束后，降温至室温，收集水热反应后的水热液、水热渣和水热气。

（5）将水热气称重，分析不同温度下水热气质量的变化，并采用气体成分分析仪分析气体的组成。

（6）选取另一种有机废弃物，在相同的条件下重复上述步骤。将实验数据记录于表5-13。

## 五、注意事项

实验属高温高压实验，应注意操作安全，不要越过警戒线。

## 六、数据处理

根据实验过程的数据记录，对固体废弃物水热反应前后的形态变化进行比较，同时分析不同水热温度、水热压力和原料种类对水热气产率及组成的影响。

表5-11　不同水热温度下的气体产量及组成

| 水热温度/℃ | 水热气 | | | | | | 水热渣总质量/g | 水热液总质量/g |
|---|---|---|---|---|---|---|---|---|
| | 总质量/g | H$_2$/% | CO/% | CH$_4$/% | CO$_2$/% | LHV/（MJ/m$^3$） | | |
| 100 | | | | | | | | |
| 200 | | | | | | | | |
| 300 | | | | | | | | |
| 400 | | | | | | | | |

表5-12　不同水热压力下的气体产量及组成

| 水热压力/MPa | 水热气 | | | | | | 水热渣总质量/g | 水热液总质量/g |
|---|---|---|---|---|---|---|---|---|
| | 总质量/g | H$_2$/% | CO/% | CH$_4$/% | CO$_2$/% | LHV/（MJ/m$^3$） | | |
| 10 | | | | | | | | |
| 15 | | | | | | | | |
| 20 | | | | | | | | |
| 25 | | | | | | | | |

表5-13　不同原料水热气化的气体产量及组成

| 水热原料 | 水热气 | | | | | | 水热渣总质量/g | 水热液总质量/g |
|---|---|---|---|---|---|---|---|---|
| | 总质量/g | H$_2$/% | CO/% | CH$_4$/% | CO$_2$/% | LHV/（MJ/m$^3$） | | |
| 污泥 | | | | | | | | |
| 锯末 | | | | | | | | |

## 七、思考题

1. 影响水热气化产物的因素有哪些？
2. 热解气化和水热气化的区别有哪些？
3. 分析水热气化实验中误差产生的原因及改进的建议。

## 实验9 ▶▶
## 有机固废的热解液化实验

## 一、实验目的

1. 理解采用热解液化技术的工艺原理、流程和操作。

2．分析热解液的产率随热解时间的变化过程。

3．掌握热解液成分的分析方法，了解气相色谱仪的测试步骤和方法。

## 二、实验原理

有机废弃物热解液化是追求气体产物产率为目标的热解过程。与有机废弃物热解气化相比，应采用更快的加热速率，以避免生成的低分子有机物发生二次反应而转化为气体。

影响热解液化的关键参数有加热速率、温度、物料含水率、物料尺寸、停留时间（即热解时间）、废弃物的成分及处理方法等。

图 5-14 是以废塑料为原料进行热解液化的工艺流程，也常称为废塑料制油或废塑料油化，是当前较成熟的废塑料回收利用技术。主要步骤包括预处理、热解、馏分等步骤，其中热解为核心步骤。

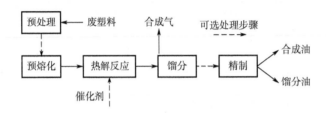

**图5-14　废塑料热解液化的工艺流程**

## 三、实验材料与仪器

1．实验材料

固体废物可根据实际情况选用人工配制的固体废物，也可以是废塑料或树枝等实际产生的固体废物。

2．实验装置

管式炉、皂膜流量计、坩埚、气体采集袋、液体采集器等。

3．实验仪器

鼓风干燥箱、电子天平、气相色谱仪等。

## 四、实验步骤

1．准备原料。称取废塑料 1.0g，洗净其上的灰尘，晾干。

2．放置原料。将准备好的原料放入坩埚中，放置在管式炉特定位置。

3．设置温度程序。依据表 5-14 分别设置热解终温。

4．实验前通入氮气 40min，排空整个系统内的空气。

5．将氮气流量调至 200mL/min，待稳定后，出口端利用皂膜流量计进行标定。

6．准备就绪，开启实验运行按钮。

7．待温度升至设定温度，将管式炉滑至坩埚区域，对原料进行热解，同时后端连接气体采集袋和液体采集器。将采集的液体用液相色谱仪进行成分测定。

8. 热解实验结束后，让炉体自动降温，降至室温后，取出坩埚，收集热解残渣进行称重。

9. 最后，关闭总电源，清理实验台。

## 五、注意事项

高温实验，注意操作安全，切勿直接接触炉体或坩埚等高温物品。

## 六、数据处理

将实验数据及分析结果记录于表 5-14。

表 5-14 废塑料热解液化实验数据及分析结果

| 热解温度/℃ | 热解液 | | | | 热解气总质量/g | 热解残渣总质量/g |
| | 总质量/g | 短链组分/g | 中链组分/g | 长链组分/g | | |
| --- | --- | --- | --- | --- | --- | --- |
| 200 | | | | | | |
| 250 | | | | | | |
| 300 | | | | | | |
| 350 | | | | | | |
| 400 | | | | | | |
| 450 | | | | | | |
| 500 | | | | | | |
| 600 | | | | | | |

## 七、思考题

1. 热解温度对液体产率有何影响?

2. 热解液的成分与温度有何关系?

## 实验10 ▸▸
# 有机固废的水热液化实验

## 一、实验目的

1. 了解有机固体废弃物水热反应的过程和原理、流程和操作。

2. 掌握水热液化的操作特点及影响水热液化结果的主要因素。

## 二、实验原理

水热液化以追求液体产物产率为目标，是以水为反应介质，以有机废弃物为原料，制取生物油的热化学转换过程，通常反应温度为 270～400℃，压力为 10～25MPa。在此状态下水处于亚临界状态或超临界状态，水在反应中既是重要的反应物又充当着催化剂，其主要产物包括生物油、焦炭、水溶性物质及气体。

水热液化不用对原料进行干燥，降低了能耗，这在一定程度上达到了节能的效果。另外，水热液化所得的生物油中含酚类物质较多，酸、糖类等极性化合物及焦炭的含量相对较少。当前的研究者们都把注意力集中在如何通过减少有机物在水相中的溶解量来增加生物油的产率，现阶段典型的方法是在水热反应中加入强碱、碳酸氢盐及碳酸盐作为催化剂，此时焦炭的生成受到一定程度的抑制，生物油的产率得到提高，油品也得以改善。

## 三、实验材料与仪器

### 1. 实验材料

固体废物可根据实际情况选用人工配制的固体废物，也可以是污泥或树枝等生物质类固体废物。

### 2. 实验装置

实验室小型污泥水热液化制油系统由热媒锅炉、反应器、凝缩器、冷却器以及装料系统等组成，可分为间歇式反应装置和连续式反应装置两类。连续式反应装置如图 5-15 所示。间歇式反应装置如图 5-16 所示。

### 3. 实验仪器

真空泵、烧杯、鼓风干燥箱、电子天平、量筒、气相色谱仪、气体储罐、高压釜等。

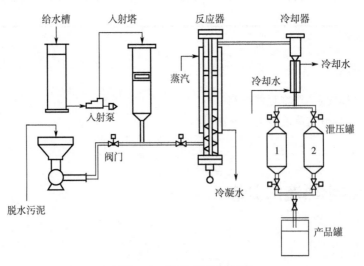

图5-15 连续式反应装置

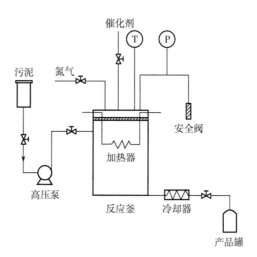

图 5-16　间歇式反应装置

## 四、实验步骤

1. 称取一定量的污泥（如市政污泥等），将其脱水至含水率 70%～80%。

2. 在向高压釜中加入液化催化剂 $Na_2CO_3$。

3. 高压釜经过排气后充入氮气至所需压力，随后升温；随温度的升高，工作压力随之增大。

4. 然后通过压力调节阀释放高压使工作压力保持恒定。

5. 反应产生的气体用气体储罐收集，用气相色谱测定气体的成分。

6. 反应结束后，打开高压釜，取出反应混合物进行进一步的分离和分析。

7. 清洗高压釜，下次实验待用。

8. 改变催化剂的添加量、污泥种类、操作条件（温度、停留时间、反应压力）等重复上述步骤，考察各因素对油产率的影响。

## 五、注意事项

实验属高温高压实验，应注意操作安全，不要越过警戒线。

## 六、数据处理

实验结果记录于表 5-15～表 5-17 中。

根据实验过程的数据记录，对固体废弃物水热反应前后的形态变化进行比较，同时分析不同水热温度、水热压力和原料种类对最终水热液产率及组分的影响。

表 5-15　不同水热温度下的液体产量及组成

| 水热温度/℃ | 水热液 | | | | 水热渣总质量/g | 水热气总质量/g |
| --- | --- | --- | --- | --- | --- | --- |
| | 总质量/g | 短链烃/g | 中链烃/g | 长链烃/g | | |
| 100 | | | | | | |

続表

| 水热温度/℃ | 水热液 | | | | 水热渣总质量/g | 水热气总质量/g |
|---|---|---|---|---|---|---|
| | 总质量/g | 短链烃/g | 中链烃/g | 长链烃/g | | |
| 200 | | | | | | |
| 300 | | | | | | |
| 400 | | | | | | |

表5-16　不同水热压力下的液体产量及组成

| 水热压力/MPa | 水热液 | | | | 水热渣总质量/g | 水热气总质量/g |
|---|---|---|---|---|---|---|
| | 总质量/g | 短链烃/g | 中链烃/g | 长链烃/g | | |
| 10 | | | | | | |
| 15 | | | | | | |
| 20 | | | | | | |
| 25 | | | | | | |

表5-17　不同原料水热液化的液体产量及组成

| 水热原料 | 水热液 | | | | 水热渣总质量/g | 水热气总质量/g |
|---|---|---|---|---|---|---|
| | 总质量/g | 短链烃/g | 中链烃/g | 长链烃/g | | |
| 污泥 | | | | | | |
| 生物质 | | | | | | |

## 七、思考题

1. 分析影响水热液化产物的因素有哪些?
2. 热解液化和水热液化的区别有哪些?
3. 分析水热液化实验中误差产生的原因及改进建议。

## 实验11 ▶▶

# 有机固废的热解炭化实验

## 一、实验目的

1. 理解采用热解炭化技术的工艺原理、流程和操作。
2. 分析热解炭产率随热解时间的变化过程。
3. 掌握热解炭的分析方法。

## 二、实验原理

有机废弃物热解炭化以追求固体产物产率为目标，是指在一定温度条件下将有机废弃物中的有机组分进行热解，使二氧化碳等气体从固体中被分离，同时又最大限度地保留有机废弃物中的炭值，使有机废弃物形成一种焦炭类的产品，通过提高其碳含量而提高其热值，进而实现其能源化利用。

有机固废热解炭化的工艺特点可概括为三个方面。①较小的升高温率，一般在 30℃/min 以内。相对于快速热解方式，慢速加热方式可使炭的产率提高 5%～10%。②较低的热解终温。500℃以内的热解终温有利于生物炭的产生和良好的品质保证。③较长的气体滞留时间。根据原料种类不同，一般要求在 15min 至几天不等。

## 三、实验材料与仪器

1. 实验材料

固体废物可根据实际情况选用人工配制的固体废物，也可以是污泥或树枝等实际产生的固体废物。如果采用脱水污泥为原料，也可采用如图 5-12 所示的工艺流程。

2. 实验装置

管式炉、皂膜流量计等。

3. 实验仪器

坩埚、鼓风干燥箱、电子天平、元素分析仪、气体采集袋、液体采集器等。

## 四、实验步骤

1. 准备原料。称取脱水污泥 3.0g。
2. 放置原料。将准备好的原料放入坩埚中，放置在管式炉特定位置。
3. 设置温度程序。依据表 5-18 分组设置热解终温。
4. 实验前通入氮气 5min，排空整个系统内的空气。
5. 将氮气流量调至 100mL/min，待稳定后，出口端利用皂膜流量计进行标定。
6. 准备就绪，开启实验运行按钮。
7. 待温度升至热解终温后，将坩埚推至管内中间反应区，对原料进行热解，同时后端连接气体采集袋和液体采集器，以便后续分析。
8. 热解实验结束后，让炉体自动降温，降至室温后，取出坩埚，收集热解渣置于干燥皿中冷却至室温后称重。
9. 利用元素分析仪分析热解炭的 C、H、O 等元素含量。
10. 关闭总电源，清理实验台。

## 五、注意事项

高温实验，注意操作安全，切勿直接接触炉体与坩埚等高温物体。

## 六、数据处理

将实验数据及分析结果记录于表 5-18。

表 5-18　脱水污泥热解炭化实验数据及分析结果

| 热解温度/℃ | 热解炭 | | | | 热解气总质量/g | 热解液总质量/g |
|---|---|---|---|---|---|---|
| | 总质量/g | C/% | H/% | O/% | | |
| 200 | | | | | | |
| 250 | | | | | | |
| 300 | | | | | | |
| 350 | | | | | | |
| 400 | | | | | | |
| 450 | | | | | | |
| 500 | | | | | | |
| 600 | | | | | | |

## 七、思考题

1. 热解温度对热解炭的产率有什么影响?
2. 热解原料中碳的含量与热解炭的产率有直接关系吗?

## 实验12 ▸▸

# 有机固废的水热炭化实验

## 一、实验目的

1. 了解有机固体废弃物水热反应的过程和原理、流程和操作。
2. 掌握水热炭化的操作特点及影响水热炭化结果的主要因素。

## 二、实验原理

水热炭化以追求固体产物产率为目标,是在较为温和的水热条件($T<250℃$,$P<10MPa$)下,促使有机废弃物主要转化为炭质类固体产品的热化学转化过程,伴随产生的副产物主要为液态水分(包含部分溶解性 TOC)和少量气体(主要为 $CO_2$)。在水热炭化过程中,一般伴随着 C 的富集和 H、O 的减少,H/C 和 O/C 值相应降低,水热炭化程度越高,固体产品中的 C 元素含量就越高。

与传统的裂解炭化相比,水热炭化的反应条件相对温和,脱水脱羧是一个放热过程,可为水热反应提供部分能量,因此水热炭化的能耗较低。另外,有机废弃物水热炭化产生的焦炭含有大量的含氧、含氮官能团，焦炭表面的吸水性和金属吸附性相对较强，可广泛用于纳米功能材料、碳基复合材料、金属/合成金属材料等。基于其简单的处理设备和方便的操作方法，其应用规模可调性相对较强。

水热炭化的炭产率和能量回收率分别由式（5-14）和式（5-15）计算得到：

$$炭产率 = \frac{水热炭的质量}{初始反应物的质量} \times 100\% \tag{5-14}$$

$$能量回收率 = \frac{水热炭的热值}{初始反应物的热值} \times 炭产率 \tag{5-15}$$

影响水热炭化过程的因素主要包括水分环境、水热温度、水热停留时间、水热压力和 pH 值等。

## 三、实验材料与仪器

### 1. 实验材料

固体废物可根据实际情况选用人工配制的固体废物，也可以是污泥或树枝等实际产生的固体废物。

### 2. 实验装置

高压水热反应釜。

### 3. 实验仪器

真空泵、烧杯、鼓风干燥箱、电子天平、量筒等。

## 四、实验步骤

### 1. 研究水热温度对水热炭化过程的影响

（1）称取适量样品，加入高压水热反应釜中，同时加入适量去离子水（保证水和样品的体积占到容器容量的 50%~80%），密封后抽真空。

（2）按实验要求对高压水热反应釜进行预充压，使用气体为 $N_2$，最终系统压力应等于水热温度下对应的饱和蒸气压与水热温度下的充压之和，保证最终系统压力为 4MPa。

（3）将充压完成的高压水热反应釜釜体安装到反应器上，采用电加热的方式进行加热至最终水热温度，水热停留时间统一设置为 60 min。

（4）反应结束后，降温至室温，收集水热反应后的水热液、水热渣和水热气。

（5）将水热渣在 105℃±5℃的温度下烘干至恒重，并称重，分析不同温度下水热渣质量的变化。

（6）改变水热温度重复上述步骤，温度梯度设置为 100℃、200℃、300℃、400℃。实验结果记录于表 5-19。

### 2. 研究停留时间对水热炭化的影响

（1）称取适量样品，加入水热反应釜中，根据样品含水率加入适量水（保证水和样品的体积占到容器体积的 50%~80%），密封后抽真空。

（2）按实验要求对高压水热反应釜进行预充压，使用气体为 $N_2$，最终系统压力应等于水热温度下对应的饱和蒸气压与水热温度下的充压之和。

（3）将充压完成的高压水热反应釜釜体安装至反应器上，采用电加热的方式进行加热至最终水热温度200℃，水热停留时间统一设置为30min。

（4）反应结束后，降温至室温，收集水热反应后的水热液、水热渣和水热气。

（5）将水热渣在105℃±5℃的温度下烘干至恒重，并称重，分析不同温度下水热渣质量的变化。

（6）改变水热停留时间重复上述步骤，时间梯度设置为60min、90min、120min、150min。实验结果记录于表5-20。

3. 研究水热压力对水热炭化的影响

（1）称取适量样品，加入高压水热反应釜中，根据样品含水率加入适量水（保证水和样品的体积占到容器体积的50%~80%），密封后抽真空。

（2）按实验要求对高压水热反应釜进行预充压，使用气体为 $N_2$，最终系统压力应等于水热温度下对应的饱和蒸气压与水热温度下的充压之和。

（3）将充压完成的高压水热反应釜釜体安装至反应器上，采用电加热的方式进行加热至最终水热温度200℃，水热停留时间统一设置为60min。

（4）反应结束后，降温至室温，收集水热反应后的水热液、水热渣和水热气。

（5）将水热渣在105℃±5℃的温度下烘干至恒重，并称重，分析不同温度下水热渣质量的变化。

（6）改变水热压力重复上述步骤，压力梯度设置为3MPa、4MPa、5MPa、6MPa。实验结果记录于表5-21。

## 五、注意事项

实验属高温高压实验，应注意操作安全，切勿直接接触炉体与坩埚等高温物体。

## 六、数据处理

根据实验过程的数据记录，对固体废弃物水热反应前后的形态变化进行比较，同时分析不同水热温度、水热停留时间和水热压力对最终水热渣质量的影响。

表5-19　不同水热温度下的水热炭产量及组成

| 水热温度 /℃ | 水热炭 | | | | 水热气 总质量/g | 水热液 总质量/g |
|---|---|---|---|---|---|---|
| | 总质量/g | C/% | H/% | O/% | | |
| 100 | | | | | | |
| 200 | | | | | | |
| 300 | | | | | | |
| 400 | | | | | | |

表 5-20　不同水热停留时间下的水热炭产量及组成

| 水热时间 /min | 水热炭 | | | | 水热气 总质量/g | 水热液 总质量/g |
|---|---|---|---|---|---|---|
| | 总质量/g | C/% | H/% | O/% | | |
| 30 | | | | | | |
| 60 | | | | | | |
| 90 | | | | | | |
| 120 | | | | | | |
| 150 | | | | | | |

表 5-21　不同水热压力下的水热炭产量及组成

| 水热压力 / MPa | 水热炭 | | | | 水热气 总质量/g | 水热液 总质量/g |
|---|---|---|---|---|---|---|
| | 总质量/g | C/% | H/% | O/% | | |
| 3 | | | | | | |
| 4 | | | | | | |
| 5 | | | | | | |
| 6 | | | | | | |

## 七、思考题

1. 影响水热炭化产物的因素有哪些?
2. 热解炭化和水热炭化的区别有哪些?
3. 水热炭化实验中误差产生的原因有哪些? 有何改进建议?

# 实验13 ▶▶
# 有机固废厌氧发酵产甲烷实验

## 一、实验目的

1. 掌握有机固体废弃物厌氧发酵产甲烷的过程和机理。
2. 了解干发酵的操作特点及主要控制条件。

## 二、实验原理

厌氧发酵是指在厌氧状态下利用厌氧微生物使固体废弃物中的有机物转化为 $CH_4$ 和 $CO_2$ 的过程。厌氧发酵产生以 $CH_4$ 为主要成分的沼气。

参与厌氧分解的微生物主要有两类:一类是水解菌群,将复杂的有机物水解,并进一步分解为以有机酸为主的简单产物,通常称为水解菌;另一类为绝对厌氧的产甲烷菌,其功能是将有机酸转化为甲烷。厌氧发酵可以分为三个阶段：水解阶段、产酸阶段和产甲烷阶段。

水解阶段：发酵细菌利用胞外酶对有机物进行体外酶解，使固体物质变成可溶于水的物质，然后细菌再吸收可溶于水的物质，并将其分解为不同产物。高分子有机物的水解速率很低，取决于物料的性质、微生物的浓度，以及温度、pH 值等环境条件。纤维素、淀粉等水解成单糖；蛋白质水解成氨基酸，再经脱氨基作用形成有机酸和氨；脂肪水解后形成甘油和脂肪酸。

产酸阶段：水解阶段产生的简单的可溶性有机物在产氢和产酸细菌的作用下，进一步分解成挥发性脂肪酸、醇、酮、醛、$CO_2$ 和 $H_2$ 等。

产甲烷阶段：产甲烷细菌将第二阶段的产物进一步降解成 $CH_4$ 和 $CO_2$，同时利用产酸阶段所产生的 $H_2$ 将部分 $CO_2$ 再转化为 $CH_4$。

目前，绝大多数有机废弃物的厌氧发酵过程都是在发酵池内以水为媒介进行，这种发酵方式称为湿发酵。干发酵（dry anaerobic digestion）又称固态发酵（solid-state fermentation），以固体有机废弃物为原料，体系中的总固体物（TS）含量一般为 20%～40%。相较于湿法发酵，干发酵处理相同体积的有机固废需要的反应器体积较小；除了 TS>50% 的固体废弃物，一般不需要加大量水稀释，预处理简单，对杂质的去除没有湿发酵工艺的要求高，脱水设备也较为便宜；单位体积内的有机负荷率相对较高，且消化速率较快，因此具有原料利用范围广、有机负荷高、污水处理量少、能耗低、工程占地少等优势。但干发酵工艺需要昂贵的传送及消化处理设备，而且由于盐和重金属的浓度较高，因而毒性较大，其中氨毒性是主要问题。

## 三、实验材料与仪器

1. 实验材料

秸秆等生物质固废。

2. 实验仪器

干发酵反应器、烟气分析仪。

## 四、实验步骤

（1）称取一定量的秸秆，粉碎后放入干发酵反应器。

（2）将接种好的发酵液加热至一定的温度，并从反应器顶部喷至秸秆堆。

（3）将反应器底部流出的沼液循环喷入反应器内的秸秆堆。

（4）从反应器出气口收集产生的气体，并用烟气分析仪进行分析。

（5）改变发酵液的温度，按 25℃、30℃、35℃、40℃、50℃、60℃、70℃，重复上述步骤，结果记录于表 5-22。

（6）改变发酵液的 pH 值，按 6.0、6.5、7.0、7.5、8.0、8.5，重复上述步骤，结果记录于表 5-23。

# 五、数据处理

表 5-22 不同发酵液温度的气体产量及组成

| 发酵液温度/℃ | 发酵产气 | | | | | |
|---|---|---|---|---|---|---|
| | 总质量/g | $H_2$/% | CO/% | $CH_4$/% | $CO_2$/% | LHV/（MJ/m³） |
| 25 | | | | | | |
| 30 | | | | | | |
| 35 | | | | | | |
| 40 | | | | | | |
| 50 | | | | | | |
| 60 | | | | | | |
| 70 | | | | | | |

表 5-23 不同发酵液 pH 值的气体产量及组成

| 发酵液pH 值 | 发酵产气 | | | | | |
|---|---|---|---|---|---|---|
| | 总质量/g | $H_2$/% | CO/% | $CH_4$/% | $CO_2$/% | LHV/（MJ/m³） |
| 6.0 | | | | | | |
| 6.5 | | | | | | |
| 7.0 | | | | | | |
| 7.5 | | | | | | |
| 8.0 | | | | | | |
| 8.5 | | | | | | |

# 六、思考题

1. 厌氧发酵过程与物料的含水率有没有联系?

2. 根据实验结果, 说明温度影响厌氧发酵过程中的哪些指标, 其影响机理是什么?

第 $6$ 章

# 有机废水的能源化实验

有机废水就是以有机污染物为主的废水，有机废水易造成水质富营养化，危害比较大。

有机废水按其性质可分为三大类：①易于生物降解的有机废水；②有机物可以降解，但含有害物质的废水；③难生物降解的和有害的有机废水。

有机废水根据来源可分为生活污水和工业有机废水。生活污水主要由城镇居民生活、商业和服务业的各种排水组成；工业有机废水是指工业生产过程中产生的有机废水，主要是酿酒、食品、制药、造纸及屠宰等行业生产过程中排出的废水，其中都富含有机物。

有机废水的能源化，就是将有机废水通过一定的方式转化成能量或能源的载体物质而实现资源化利用。与有机固废的能源化利用相同，要实现有机废水的能源化利用，也必须了解两个基本问题：一是有机废水的理化性质（组成及其热值等），二是有机废水实现能源化利用的相关技术。

目前，针对有机废水的能源化利用技术主要有以下几种。

## （1）热化学氧化

热化学氧化法是使有机废水在一定温度条件下发生氧化反应，从而放出热量，实现其能源化利用。根据反应条件和操作方式的不同，有机废水的热化学氧化法可分为如下几种。

① 焚烧法。由于有机废水中含有有机物质，因此可采用焚烧的方式实现能源化利用。但这种方式对有机物质的含量有一定的要求，一般认为 COD $\geq$ 100000mg/L、热值 $\geq$ 10450kJ/kg 的有机废液，在有辅助燃料引燃的条件下能够自燃。如果有机物含量低于这一临界值，则由于其热值低，不能维持系统自发运行，因此不宜采用焚烧方式。对于有机物含量低的有机废水，可采用将其与高浓度有机废水混合后共焚烧的方式实现能源化利用。

② 湿式氧化和超临界水氧化。由于有机废水适宜泵送，因此也可采用湿式氧化和超临界水氧化的方法，将其中所含的有机物氧化分解而获取能量。但由于湿式氧化和超临界水氧化的设备投资和运行费用较高，虽然其主要目标在于消除有机废水中有机物对环境的污染，然而出于经济性考虑，设备运行应兼顾系统的能量回用与优化。

## （2）水热气化

有机废水的水热气化是在合适的催化剂和一定的工艺条件下，使有机废水中的大分子物质发生裂解生成小分子的可燃气。目前研究最多的是有机废水超临界水气化制氢。

有机废水超临界水气化制氢是利用超临界水作为反应介质使有机废水中的有机物发生强烈的化学反应而产生氢气。超临界水气化制氢是一种新型、高效的可再生能源利用与转化技术，具有极高的能量气化效率、极强的有机物无害化处理能力，但该技术目前还处于实验室阶段，离大规模工业化还有一段距离。

**（3）生物气化**

有机废水生物气化技术是指在微生物或酶的作用下，将有机废水中所含的有机质转化成能源的方法，最典型的有机废水生物气化技术包括有机废水厌氧消化制沼气和有机废水生物制氢。

① 有机废水厌氧消化制沼气。利用有机废水制沼气是指有机废水在缺氧和其他适宜条件下，由厌氧菌和兼性菌的联合作用降解有机物，产生以甲烷为主的混合气的过程。有机废水厌氧消化制沼气有较长的历史，目前主要是研究通过改进技术来改善沼气的品质，提高沼气的产率。

② 有机废水厌氧消化制氢。有机废水厌氧消化制氢是利用微生物在常温常压下进行酶催化反应制得氢气的原理进行的。厌氧发酵可利用的有机物的种类很多，更具有发展潜力。厌氧发酵过程中产生的氢气可以被某些细菌消耗掉，因此需要对原料进行前处理，尽可能地抑制耗氢细菌的活性，增加产氢细菌的量。

厌氧发酵制氢耗能少，具有成本优势，但如何稳定高效连续制氢是今后需要攻克的问题。

为了深入了解各种有机废水能源化利用技术的本质规律（工艺条件对能源转化率的影响），相关专业开设如下相关实验。

# 6.1 有机废水的理化性质测定

有机废水的理化性质指标主要有 pH 值、色度、浊度、电导率、有机污染物指标等。

**（1）pH 值**

水的 pH 值是溶液中氢离子浓度或活度的负对数，$pH=-\lg[H^+]$。表示水中酸、碱的强度，是常用的水质指标之一。pH=7，水呈中性；pH<7，水呈酸性；pH>7，水呈碱性。pH 值在水的化学混凝、消毒、软化、除盐、水质稳定、腐蚀控制及生物化学处理、污泥脱水等过程中是一重要因素和指标，对水中有毒物质的毒性和一些重金属配合物结构等都有重要影响。

pH 值用比色法或电位法测定。一般天然水 pH 值在 7.0～8.5 之间，各种用水和排放水对 pH 值都要有一定的要求，如饮用水规定 pH 值在 6.5～8.5 之间；锅炉用水为防止金属被腐蚀，pH 值须保持在 7.0～8.5 之间；工业排放水 pH 值须在 6～9 之间等。

**（2）颜色和色度（color and chromaticity）**

纯净的水是无色透明的，混有杂质的水一般有色不透明。例如，天然水中含有黄腐酸（又称富里酸，fulvic acid）而呈黄褐色，含有藻类的水呈绿色或褐色；工业废水由于受到不同物质的污染，颜色各异。水中呈色的杂质可处于悬浮态、胶体或溶解状态，有颜色的水可用表色和真色来描述。

① 表色：包括悬浮杂质在内的 3 种状态所构成的水色为"表色"。测定的是未经静置沉淀或离心的原始水样的颜色，只用定性文字描述。如废水和污水的颜色呈淡黄色、黄色、棕色、绿色、紫色等。当然，对含有泥土或其他分散很细的悬浮物水样，虽经适当预处理仍不透明时，也只测表色。

② 真色：除去悬浮杂质后的水，由胶体及溶解杂质所造成的颜色称为真色。水质分析中一般对天然水和饮用水的真色进行定量测定，并以色度作为一项水质指标，是水样的光学性质的反映。饮用水在颜色上加以限制，规定色度<15 度。对工业用水的颜色要求更为严格，如纺织用水色度<10～12 度，造纸用水色度<15～30 度，染色用水色度<5 度。因此，对特殊工业水使用之前需要脱色处理。一些有色工业废水在排放之前也需要去色处理。

③ 颜色的测定：测定较清洁水样，如天然水和饮用水的色度，可用铂钴标准比色法和铬钴标准比色法。如水样较浑浊，可事先静置澄清或离心分离除去浑浊物质后，进行测定，但不得用滤纸过滤。水的颜色往往随 pH 值的改变而不同，因此测定时必须注明 pH 值。

④ 铂钴标准比色法：以氯铂酸钾（$K_2PtCl_6$）和氯化钴（$CoCl_2 \cdot 6H_2O$）配成标准色列，然后将水样与此标准色列进行目视比色，记录与水样色度相同的铂钴标准色列的色度。规定铂的浓度为 1mg/L 和钴的浓度为 0.5mg/L 时产生的颜色为 1 度。铂钴标准比色法色度稳定，宜长期使用，但氯铂酸钾价格较贵。我国生活饮用水规范中推荐铂钴标准比色法。

⑤ 铬钴标准比色法：以重铬酸钾（$K_2Cr_2O_7$）和硫酸钴（$CoSO_4 \cdot 7H_2O$）配制标准比色系列，采用目视比色法测定水样的色度。该法所用重铬酸钾便宜易得，但标准色列不宜长久保存。

测定受工业废水污染的地面水和工业废水的颜色，除用文字描述法外，还可采用稀释倍数法和分光光度法测定，这些方法的详细步骤可参阅《水和废水监测分析方法》和《水和废水标准检验法》等手册。

### （3）浊度（turbidity）

表示水中所含有的悬浮及胶体状态的杂质引起水的浑浊程度，并以浊度作单位，是天然水和饮用水的一项重要水质指标。这种浑浊对水的透明度有影响，当浑浊度较高时，将引起水中生物生态发生变化。如浑浊来自生活污水和工业废水的排放则往往是有害的。地面水常含有泥沙、黏土、有机质、微生物、浮游生物以及无机物等悬浮物质而呈浑浊状态，如黄河、长江、海河等主要大河水都比较浑浊，其中黄河是典型的高浊度水河流。地下水比较清澈透明，浊度很小，往往水中 $Fe^{2+}$ 被氧化后生成 $Fe^{3+}$，使水呈黄色浑浊状态；生活污水和工业废水中含有各种有机物、无机物杂质，尤其悬浮状态污染物含量较大，因而大多数是相当浑浊，一般只做不可过滤残渣测定而不做浊度测定。

水中不可过滤残渣（悬浮物质）对光线透过时所发生的阻碍程度，也是水样的光学性质的反映，与该物质在水中的含量以及颗粒大小、形状和表面反射性能有关，因此浊度与以毫克/升（mg/L）表示的不可滤残渣（悬浮物质）的含量有相关关系。水的浊度是水可能受到污染的重要标志之一，也是自来水厂处理设备选型和设计的重要参数，是水厂运行和投药量的重要控制标准，尤其用化学法处理饮用水或废水时，有时用浊度来控制化学药剂的投加量。

标准浊度单位，采用福尔马肼（硫酸肼 $NH_2NH_2 \cdot H_2SO_4$ 与六次甲基四胺$(CH_2)_6N_4$ 形成的白色高分子聚合物）标准混悬液，并规定 1.25mg（硫酸肼）/L（水）和 12.5mg（六次甲基四胺）/L（水）中形成的福尔马肼混悬液所产生的浊度为 1NTU，称为散射浊度单位

（nephelometric turbidity units, NTU）或福尔马肼浊度单位（formazin turbidity units, FTU）。

水中浊度的测定，以福尔马肼为标准用散射比浊法（散射或浑浊度仪）或目视比浊法测定。

我国饮用水标准规定浊度不超过1NTU，特殊情况下不得超过3NTU。为保证不结垢和堵塞以及产品的质量，某些工业用水对浊度有一定要求，如冷却用水不得超过50～100NTU，造纸用水不得超过2～5NTU，纺织、漂染用水小于5NTU，半导体集成电路用水应为0NTU。水样浊度的测定采用目视比浊法和分光光度法。

### （4）电导率（conductivity）

电导率又称比电导（specific conductance），表示水溶液传导电流的能力，可间接表示水中可滤残渣（即溶解性固体）的相对含量，通常用于检验蒸馏水、去离子水或高纯水的纯度、监测水质受污染情况以及用于锅炉水和纯水制备中的自动控制等。电导率的标准单位是西门子/米(S/m)，多数水样的电导率很低，一般实际使用单位为毫西门子/米（mS/m）。电导率一般用电导率仪测定。

### （5）有机污染物综合指标（comprehensive index of organic contaminant）

有机污染物综合指标主要有溶解氧（DO）、高锰酸盐指数、化学需氧量（COD）、生化需氧量（$BOD_5$）、总有机碳（TOC）、总需氧量（TOD）和活性炭氯仿萃取物（CCE）等。这些综合指标可作为水中有机物总量的水质指标，在水处理、水质分析中有着重要意义并得到广泛应用。

### （6）含氮化合物

人们对水和废（污）水中关注的几种形态的氮是氨氮、亚硝酸盐氮、硝酸盐氮、有机氮和总氮。前四者之间通过生物化学作用可以相互转化。测定各种形态的含氮化合物，有助于评价水体被污染和自净的状况。地表水中氮、磷物质超标时，微生物大量繁殖，浮游生物生长旺盛，呈现富营养化状态。

## 实验14 ▶▶
# 有机废水的酸度测定

## 一、实验目的

1. 了解酸碱性和 pH 值的含义。
2. 熟悉 pH 计的校准方法
3. 掌握采用 pH 计进行 pH 值的测定方法。

## 二、实验原理

水和废水的酸碱性可以影响或决定其处理工艺与最终用途。一般采用 pH 值表示水中酸、碱的强度。酸度（或碱度）分别反映水或废水释放或接受质子的能力，即水或废水中所有能与强碱（或强酸）相互作用的物质总量。

pH 值的测定方法主要有比色法和电位法。现场和野外也可使用 pH 试纸测定粗略值，根据电位法原理制成的 pH 酸度计的精度较高，应用普遍。使用时应注意经常用 pH 标准缓冲液进行校准以及电极的维护与保养。常用的 pH 标准缓冲液主要有 0.05mol/L 邻苯二甲酸氢钾溶液、0.025mol/L 混合磷酸盐溶液和 0.01mol/L 硼砂溶液。在不同温度下其具体的 pH 值略有变化，应根据实际的溶液温度来对 pH 计进行校正。

现今使用的 pH 电极大多为复合电极，以玻璃电极作指示电极、饱和甘汞电极作参比电极，插入待测溶液中组成原电池，采用电位法原理进行测定：

(–)Ag，AgCl｜HCl(0.1mol/L)｜玻璃膜｜试液‖KCl(饱和)｜HgCl$_2$，Hg(+)

|←————玻璃电极————→| |←——饱和甘汞电极——→|

在一定条件下，测得电池的电动势 $E$ 与 pH 呈直线关系：

$$E = K + \frac{2.303RT}{F}\mathrm{pH} \tag{6-1}$$

常数 $K$ 取决于内外参比电极电位、电极的不对称电位和液体接界电位，因此无法准确测量 $K$ 值，实际测量 pH 值是采用相对方法。设 pH 标准溶液和被测溶液的 pH 分别为 pH$_s$ 和 pH$_x$，其相应原电池的电动势分别为 $E_s$ 和 $E_x$，则可得：

$$\mathrm{pH}_x = \frac{F}{2.303RT}(E_x - E_s) + \mathrm{pH}_s \tag{6-2}$$

待测 pH$_x$ 是以标准溶液的 pH$_s$ 为基准，通过比较 $E_s$ 和 $E_x$ 的差值来确定的。25℃条件下二者之差每变化 59.1mV，则 pH 相应变化为 1。因此，玻璃电极的响应斜率与温度有关，在一定的温度下应是定值，25℃时玻璃电极的理论响应斜率为 0.0591，即：

$$\mathrm{pH}_x = \frac{1}{0.0591}(E_x - E_s) + \mathrm{pH}_s \tag{6-3}$$

## 三、实验材料与仪器

1. 实验材料

去离子水、超纯水、滤纸；

邻苯二甲酸氢钾、磷酸盐和硼砂标准缓冲溶液；

待测试的有机废水：可以采用实验室配制的模拟有机废水，也可采用直接来源于工业企业或生活排放的有机废（污）水。

2. 实验仪器

pH S-2 型酸度计、pH 玻璃电极、甘汞电极、磁力搅拌器、电子天平、干燥器、容量瓶、聚乙烯瓶等。

## 四、实验步骤

1. 标准缓冲溶液的配置

(1) 配置邻苯二甲酸氢钾标准缓冲溶液（25℃时，pH=4.008）。称取 5.06g 邻苯二甲酸氢钾，在 115℃±5℃烘干 2～3h 后于干燥器中冷却至室温，然后溶于超纯水，移入 500mL 容量瓶中，稀释、混匀并标定至标线，倒出储存于聚乙烯瓶中。

（2）配置磷酸盐标准缓冲溶液（25℃时，pH=6.685）。迅速称取 3.388g 磷酸二氢钾和 3.533g 磷酸氢二钾，在 115℃±5℃烘干 2～3h，并于干燥器中冷却，溶于超纯水，移入 1000mL 容量瓶中，稀释、混匀并标定至标线，倒出储存于聚乙烯瓶中。

（3）配置硼砂标准缓冲溶液（25℃时，pH=9.180）。称取 1.90g 硼砂（$Na_2B_4O_7 \cdot 10H_2O$，在盛有蔗糖饱和溶液的干燥器中平衡 48h），溶解于刚煮沸冷却的超纯水，移入 500mL 容量瓶中，稀释、混匀并标定至标线，倒出储存于聚乙烯瓶中。

2. 将酸度计上的选择按钮调至 pH 值挡，采用上述标准缓冲溶液对 pH S-2 型酸度计进行校正。

3. 将被测试样置于磁力搅拌器上，放入搅拌子，将玻璃电极插入被测试样中，启动磁力搅拌器，待酸度计显示的数据稳定后，记录测量值。

4. 从被测试样中取出玻璃电极并用去离子水清洗三次。

5. 更换另一试样，重复上述实验步骤。将测试结果记录于表 6-1 中。

## 五、注意事项

1. 玻璃电极在使用前需预先用去离子水浸泡 24h 以上，注意小心摇动电极，以驱赶玻璃球泡中的气泡。

2. 每次测试前应注意进行 pH 计的校正（一般开机 20min 后进行），并根据所要测试水样的大致 pH 范围来选取标准缓冲液。

3. 甘汞电极在使用前需要摘掉电极末端及侧口上的橡胶帽。同玻璃电极一样，电极管中不能留有气泡，使用完毕及时置于电极保护套中。

4. 使用时应先用去离子水清洗电极并擦干，测量的溶液液面应高于参比电极的液络部。

5. 操作时电极要保持竖直，切忌平放或倒置。每次测试前及测试完毕，电极都需用去离子水冲洗干净，并用滤纸轻轻吸干周边的水分。

6. 测量结束，应及时将电极保护套套上，电极保护套内应放少量外参比补充液，以保护电极球泡的湿润，切勿将电极球泡浸泡在去离子水中。

7. 酸度计的电极插口处要注意防潮，以免降低仪器的输入阻抗，影响测量的准确性。

## 六、数据处理

将实验数据记录于表 6-1。

表6-1　有机废水的 pH 值测定结果

| pH 值测定 | 有机废水 1 | 有机废水 2 | 有机废水 3 | 有机废水 4 |
|---|---|---|---|---|
| 第一次测定值 | | | | |
| 第二次测定值 | | | | |

続表

| pH 值测定 | 有机废水 1 | 有机废水 2 | 有机废水 3 | 有机废水 4 |
|---|---|---|---|---|
| 第三次测定值 | | | | |
| 平均值 | | | | |

## 七、思考题

1. pH 计每次使用前为何要用标准缓冲溶液进行校准?
2. 试样 pH 值受外界条件影响吗?

## 实验15 ▶▶
# 有机废水的色度测定

## 一、实验目的

1. 掌握废水色度的测定方法及其适用范围。
2. 加深对色度概念的理解, 学会采用色度仪进行水样的色度测定及结果分析。

## 二、实验原理

纯水无色透明, 天然水中含有泥土、有机质、无机矿物质、浮游生物等, 往往呈现一定的颜色。工业废水含有染料、生物色素、有色悬浮物等, 这些物质是环境水体着色的主要来源。有颜色的水会减弱水的透光性, 影响水生生物生长和观赏价值。

水的颜色分为真色和表色。真色指去除悬浮物后的水的颜色, 没有去除悬浮物的水具有的颜色称为表色。对于清洁或浊度很低的水, 真色和表色相近; 对于着色深的工业废水或污水, 真色和表色差别较大。水的色度一般是指真色, 常用铂钴标准比色法和稀释倍数法进行测定。

1. 铂钴标准比色法

该方法用氯铂酸钾与氯化钴配成标准色列, 与水样进行目视比色确定水样的色度。规定每升水中含 1mg 铂和 0.5mg 钴所具有的颜色为 1 个色度单位, 称为 1 度。因氯铂酸钾价格贵, 故可用重铬酸钾代替氯铂酸钾, 用硫酸钴代替氯化钴, 配制标准色列。如果水样浑浊, 应放置澄清, 也可用离心法或用孔径 0.45μm 的滤膜过滤除去悬浮物, 但不能用滤纸过滤。

该方法适用于清洁的带有黄色色调的天然水和饮用水的色度测定。如果水样中有泥土或其他分散很细的悬浮物, 用澄清、离心等方法处理仍不透明时, 则测定表色。

2. 稀释倍数法

该方法适用于受工业废(污)水污染的地表水和工业废水色度的测定。测定时, 首先用文字描述水样的颜色种类和深浅程度, 如深蓝色、棕黄色、暗黑色等。然后取一定量水样, 用去离子水稀释至刚好看不到颜色, 以稀释倍数表示该水样的色度, 单位为倍。所取水样应无树叶、枯枝等杂物。取样后应尽快测定, 否则应冷藏保存。

还可以用国际照明委员会（CIE）制定的分光光度法测定水样的色度，其结果用主波长、色调、明度和饱和度四个参数描述水样的色度。

本实验依据光电比色原理，采用铂钴标准溶液进行标定。

## 三、实验材料与仪器

1. 实验材料

氯铂酸钾、氯化钴、浓盐酸、去离子水、地表水、有机废水等。

2. 实验仪器

色度仪、样品瓶、移液管、容量瓶、称量瓶等。

## 四、实验步骤

1. 铂钴标准溶液的配制：称取 1.246g 氯铂酸钾 $K_2PtCl_6$，再用称量瓶称取 1.000g 干燥的氯化钴 $CoCl_2 \cdot 6H_2O$，共溶于 100mL 去离子水中，加入 100mL 浓 HCl，将此溶液转移至 1000mL 容量瓶中，再稀释至标线，此标限溶液的色度为 50 度。

2. 开启色度仪的电源开关，预热 30min。

3. 将 0 色度溶液倒入比色杯内至 2/3 位置处，擦净瓶体的水迹和指印，同时应注意拿起放下时不可用手直接拿杯体的左右侧，以免留上指印，影响测量精度。

4. 将装好的 0 色度溶液比色杯，置入试样座内，并保证比色杯的标记面应面向操作者，然后盖上遮光盖。稍等读数稳定后调节调零旋钮，使显示为 000。

5. 采用同样的方法装置校准用的 50 色度溶液，并放入试样座内，调节校正钮，使显示为标准值 050。

6. 重复 2、3、4 步骤，保证零点及校正值正确可靠。

7. 倒掉 50 色度溶液，采用同样方法装好样品溶液，并放入试样座内，等读数稳定后即可记下水样的色度值。若水样浑浊，先采用合适的预处理方法进行预处理，以测定水样真色。

8. 更换其他水样，重复上述步骤。将测定结果记录于表 6-2 中。

## 五、数据处理

表 6-2  有机废水的色度测定结果

| 待测有机废液 | 水样 1 | 水样 2 | 水样 3 | 水样 4 |
|---|---|---|---|---|
| 色度 | | | | |

## 六、思考题

1. 什么是水的真色与表色？通过本次实验测定的是什么色？

2. 如何对测定颜色的水样进行预处理？

## 实验16 ▶▶
# 有机废水的浊度测定

## 一、实验目的

1. 掌握浊度的测定方法。
2. 加深对浊度概念的理解，学会通过浊度仪法进行水样浊度测定。

## 二、实验原理

浊度是表现水中悬浮物对光线透过时所产生的阻碍的程度。水的浊度大小不仅和水中存在颗粒物含量有关，而且和其粒径大小、形状、颗粒表面对光散射特性有密切关系。当光束通过浑浊试样时，其光能量会被吸收而减弱，光能量减弱的程度和浊度之间的比例关系符合朗伯-比尔定律，即当入射光强度、吸收系数和通过水样的光径长度不变时，透射光强度随水质浊度变化而变化。

浊度仪是通过测定水样对一定波长光的透射或散射强度而实现浊度测定的专用仪器，光电式浊度仪的基本原理是基于上述物理光学现象而设计的。

$$浊度 = \frac{A(B+C)}{C} \tag{6-4}$$

式中    $A$——稀释后水样的浊度，度；

$B$——稀释水体积，mL；

$C$——原水样体积，mL。

浊度仪可分为透射光式浊度仪、散射光式浊度仪和透射光-散射光式浊度仪。透射光式浊度仪测定原理同分光光度法，其连续自动测量式采用双光束(测量光束与参比光束)，以消除光源强度等条件变化带来的影响。散射光式浊度仪测定原理是当光射入水样时，构成浊度的颗粒物对光发生散射，散射光强度与水样的浊度成正比。按照测量散射光位置不同，这类仪器有两种形式。一种是在与入射光垂直的方向上测量，如根据 ISO 7027:1999 国际标准设计的便携式浊度仪，以发射高强度 890nm 波长红外线的发光二极管为光源，将光电传感器放在与发射光垂直的位置上，用微型电子计算机进行数据处理，可进行自检和直接读出水样的浊度值；另一种是测量水样表面上的散射光，称为表面散射式浊度仪。透射光-散射光式浊度仪基于同时测量透射光和散射光强度，根据其比值测定浊度。采用这种仪器测定浊度，受水样色度影响小。浊度仪使用甲腊聚合物配制浊度标准溶液，测得结果的浊度单位为 NTU。

## 三、实验材料与仪器

1. 实验材料

零浊度水、待测有机废水。

2. 实验仪器

光电式浊度仪。

## 四、实验步骤

1. 开启浊度仪电源，预热 15min。

2. 校准。在试样槽注入零浊度水，放入试样室内，闭盖，调节"调零"旋钮使显示为零。将标准板（板上有数据）放入试样室，合上试样室盖，调节"校准"旋钮，使显示数字与标准板上一致。重复上述步骤，保证零点及校正值正确可靠。

3. 测定。将水样注入试样室内，闭盖，读数，若水样浊度太高（超过 100 度）时，需用零浊度水稀释后测定。

4. 更换其他待测废液，重复上述步骤。将测得的结果记录于表 6-3 中。

## 五、数据处理

表 6-3　有机废水的浊度测定结果

| 待测废液 | 有机废水 1 | 有机废水 2 | 有机废水 3 | 有机废水 4 |
|:---:|:---:|:---:|:---:|:---:|
| 浊度 | | | | |

## 六、思考题

1. 浊度与悬浮物的质量浓度有无关系？为什么？
2. 实验中引起误差的因素有哪些？

# 实验17 ▶▶

# 有机废水的氨氮测定

## 一、实验目的

掌握用纳氏试剂分光光度法测定氨氮的原理和技术。

## 二、实验原理

水中的氨氮是指以游离氨（或称非离子态氨，$NH_3$）和离子态氨（$NH_4^+$）形式存在的氮，两者的组成比取决于水的 pH 值。地表水、地下水、生活污水、合成氨等工业废水要求测定氨氮。水中氨氮主要来源于生活污水中含氮有机物在微生物作用下的分解产物和焦化、合成氨等工业废水，以及农田排水等。氨氮含量较高时，对鱼类呈现毒害作用，对人体也有不同程度的危害。

测定水中氨氮的方法有纳氏试剂分光光度法、水杨酸-次氯酸盐分光光度法、气相分子吸收光谱法、离子选择电极法和滴定法。其中分光光度法具有灵敏、稳定等特点，但水样有色、浑浊或含钙、镁、铁等金属离子及硫化物、醛和酮类等均干扰测定，需作相应的预处理。离子选择电极法通常不需要对水样进行预处理，但重现性和电极寿命尚存在一些问题。气相分子吸收光谱法比较简单，使用专用仪器或原子吸收分光光度计测定均可获得良好效果。滴定法用于测定氨氮含量较高的水样。

纳氏试剂分光光度法是在向絮凝沉淀或蒸馏法预处理的水样中，加入碘化汞和碘化钾的强碱溶液(纳氏试剂)，则与氨反应生成黄棕色胶体化合物，其色度与氨氮含量成正比，可在410～425nm 波长范围内采用分光光度法测定，计算其含量。反应式如下：

$$2K_2[HgI_4]+3KOH+NH_3 \longrightarrow NH_2Hg_2IO(黄棕色)+7KI+2H_2O \qquad (6-5)$$

本法最低检测出质量浓度为 0.025mg/L，测定上限为 2mg/L，适用于地表水、地下水、工业废水和生活污水中氨氮的测定。

本实验采用纳氏试剂分光光度法测定有机废水中的氨氮含量。

## 三、实验材料与仪器

1. 实验材料

（1）无氨水。配制试剂用水均应为无氨水，可选用下列方法之一进行制备。

① 蒸馏法：每升蒸馏水中加 0.1mL 硫酸，在全玻璃蒸馏器中重蒸馏，弃去 50mL 初馏液，接取其余馏出液于具塞磨口玻璃瓶中，密塞保存。

② 离子交换法：使蒸馏水通过强酸型阳离子交换树脂柱。

（2）1mol/L 盐酸溶液。

（3）1mol/L 氢氧化钠溶液。

（4）轻质氧化镁（MgO）：将氧化镁在 500℃下加热，除去碳酸盐。

（5）0.05%溴百里酚蓝指示液：pH=6.0～7.6。

（6）防沫剂，如石蜡碎片。

（7）吸收液：①硼酸溶液：称取 20g 硼酸溶于水，稀释至 1L；②0.01mol/L 硫酸溶液。

（8）纳氏试剂：可选择下列方法之一制备。

① 称取 20g 碘化钾溶于约 100mL 水中，边搅拌边分次少量加入二氯化汞（HgCl₂）结晶粉末（约 10g），至出现朱红色沉淀不再溶解时，改为滴加饱和二氯化汞溶液，并充分搅拌，当出现微量朱红色沉淀不再溶解时，停止滴加二氯化汞溶液。另称取 60g 氢氧化钾溶于水，并稀释至 250mL，冷却至室温后，将上述溶液徐徐注入氢氧化钾溶液中，用水稀释至400mL，混匀，静置过夜，将上清液移入聚乙烯瓶中，密封保存。

② 称取 16g 氢氧化钠，溶于 50mL 水中，充分冷却至室温。另称取 7g 碘化钾和 10g 碘化汞（HgI₂）溶于水，然后将此溶液在搅拌下徐徐注入氢氧化钠溶液中，用水稀释至100mL，移入聚乙烯瓶中，密封保存。

（9）酒石酸钾钠溶液：称取 50g 酒石酸钾钠（KNaC₄H₄O₆·4H₂O）溶于 100mL 水中，加热煮沸以除去氨，放冷，定容至100mL。

（10）铵标准贮备溶液：称取 3.819g 经 100℃ 干燥过的优级纯氯化铵溶于水中，移入

1000mL 容量瓶中，稀释至标线。此溶液每毫升含 1.00mg 氨氮。

（11）铵标准使用溶液：移取 5.00mL 铵标准贮备液于 500mL 容量瓶中，用水稀释至标线。此溶液每毫升含 0.010mg 氨氮。

2. 实验仪器

预处理装置、分光光度计、pH 计等。

## 四、实验步骤

1. 水样预处理。根据水样性质，选取合适的预处理方法。

2. 标准曲线的绘制。吸取 0mL、0.50mL、1.00mL、3.00mL、5.00mL、7.00mL 和 10.00mL 铵标准使用液分别移入 50mL 比色管中，加水至标线，加 1.0mL 酒石酸钾钠溶液，混匀。加 1.5mL 纳氏试剂，混匀。放置 10min 后，在波长 420nm 处，用光程 20mm 比色皿，以水为参比，测定吸光度。由测得的吸光度减去零浓度空白管的吸光度后，得到校正吸光度，绘制以氨氮含量（mg）对校正吸光度的标准曲线。

3. 水样的测定。分别取适量经预处理后的水样（使氨氮含量不超过 0.1mg），加入 50mL 比色管中，稀释至标线，加 1.0mL 酒石酸钾钠溶液。加 1.5mL 纳氏试剂，混匀。放置 10min 后，同标准曲线的绘制步骤测量吸光度。

4. 更换其他水样，重复上述步骤，将测得的结果记录于表 6-4 中。

5. 空白试验。以无氨水代替水样，做全程序空白测定。

## 五、数据处理

表 6-4　有机废水的氨氮测定结果

| 待测废液 | 有机废水 1 | 有机废水 2 | 有机废水 3 | 有机废水 4 |
|---|---|---|---|---|
| 吸光度 | | | | |

由测得的吸光度减去空白试验的吸光度后，从标准曲线上查得氨氮量（mg）后，按下式计算氨氮浓度：

$$c = \frac{m}{V} \times 1000 \tag{6-6}$$

式中　$m$——由标准曲线查得的氨氮量，mg；

　　　$V$——水样体积，mL；

　　　$c$——氨氮浓度（以 N 计），mg/L。

## 六、注意事项

1. 纳氏试剂中碘化汞与碘化钾的比例，对显色反应的灵敏度有较大影响。静置后生成的沉淀应除去。

2. 滤纸中常含有痕量铵盐，使用时注意用无氨水洗涤。所用玻璃器皿应避免实验室空气中氨的污染。

## 七、思考题

1. 水中的氮有几种形态？各如何进行测定？
2. 使用纳氏试剂分光光度法测试氨氮时，影响误差的因素有哪些？如何消除干扰？
3. 测试氨氮时，为什么必须对水样进行预处理？

# 实验18 ▶▶
# 有机废水的化学需氧量测定

## 一、实验目的

1. 掌握化学需氧量（COD）的测定原理和操作。
2. 熟悉实验的基本操作要点。

## 二、实验原理

化学需氧量是指在一定条件下，氧化 1L 水样中还原性物质所消耗的氧化剂的量，以氧的质量浓度(以 mg/L 为单位)表示。水中还原性物质包括有机化合物和亚硝酸盐、硫化物、亚铁盐等无机化合物。化学需氧量反映了水中受还原性物质污染的程度。水体被有机物污染是很普遍的现象，化学需氧量作为有机污染物相对含量的综合指标之一，但只能反映能被氧化剂氧化的那部分有机污染物。

测定化学需氧量的常用标准方法有重铬酸钾法和快速消解分光光度法等。

1. 重铬酸钾法

在强酸性溶液中，用一定量的重铬酸钾在有催化剂($Ag_2SO_4$)存在条件下氧化水样中的还原性物质，过量的重铬酸钾以试铁灵作指示剂，用硫酸亚铁铵标准溶液回滴至溶液由蓝绿色变为红棕色即为终点，记录标准溶液消耗量；再以蒸馏水作空白溶液，按同法测定空白溶液消耗硫酸亚铁铵标准溶液量，根据水样实际消耗的硫酸亚铁铵标准溶液量计算化学需氧量。氧化有机物反应式（6-7）、回滴过量重铬酸钾的反应式（6-8）和化学需氧量计算式（6-9）如下：

$$2Cr_2O_7^{2-}+16H^++3C(代表有机物)\longrightarrow 4Cr^{3+}+8H_2O+3CO_2 \tag{6-7}$$

$$Cr_2O_7^{2-}+14H^++6Fe^{2+}\longrightarrow 6Fe^{3+}+2Cr^{3+}+7H_2O \tag{6-8}$$

$$COD_{Cr}(以O_2计,mg/L)=\frac{(V_0-V_1)c\times8\times1000}{V} \tag{6-9}$$

式中　$V_0$——滴定空白溶液消耗硫酸亚铁铵标准溶液体积，mL；

　　　　$V_1$——滴定水样消耗硫酸亚铁铵标准溶液体积，mL；

　　　　$V$——水样体积，mL；

$c$——硫酸亚铁铵标准溶液浓度，mol/L；

8——氧（$1/4O_2$）的摩尔质量，g/mol。

重铬酸钾氧化性很强，可将大部分有机物氧化，但吡啶不被氧化，芳香族有机物不易被氧化，挥发性直链脂肪族化合物、苯等存在于蒸气相，不能与氧化剂液体接触，氧化不明显。氯离子能被重铬酸钾氧化，并与硫酸银作用生成沉淀，可加入适量硫酸汞络合。采用 0.25mol/L 的重铬酸钾溶液可测定 COD 大于 50mg/L 的水样；采用 0.025mol/L 重铬酸钾溶液可测定 COD 为 5～50mg/L 的水样，但准确度较差。

2. 快速消解分光光度法

快速消解分光光度法与经典重铬酸钾法消解水样的方法相同，但水样和试剂用量比经典重铬酸钾法少得多。该方法是将水样和消解液置于具密封塞的消解管中，放在 165℃±2℃的恒温加热器内快速消解，消解后的水样用分光光度法测定。对 COD 在 100～1000mg/L 的水样，在 600nm±20nm 波长处测定重铬酸钾被还原产生的 $Cr^{3+}$ 的吸光度，水样的 COD 与 $Cr^{3+}$ 的吸光度成正比；对 COD 在 25～250mg/L 的水样，在 440nm±20nm 波长处测定未被还原的 $Cr^{6+}$ 和已被还原产生的 $Cr^{3+}$ 两种离子的总吸光度，水样的 COD 与 $Cr^{6+}$ 吸光度的减少值和 $Cr^{3+}$ 吸光度的增加值成正比，与总吸光度的减少值成正比，故可根据测得水样的吸光度和按照同法测定系列标准溶液绘制的标准曲线计算出 COD。该方法将消解时间由经典重铬酸钾法的 120min 缩短到 15min，试剂用量少，适合大批量样品测定。市场上有多种这类快速 COD 测定仪出售。

本实验采用快速消解分光光度法测定有机废水的 COD 含量。

## 三、实验仪器

COD 快速消解仪（可选用哈希 DRB200 消解器）：通过加热模块和预设加热程序，可针对不同的预制试剂，加热消解 COD、TOC、总磷、总氮等水样。

可见光分光光度计（可选用哈希 DR3900 分光光度计）：采用分光光度法，主要是根据被测物质对某种波长的光具有选择性吸收的特性，对该物质进行定性和定量分析。

## 四、实验步骤

1. 采样

现场采集水样，用滤纸过滤干净。

2. 配制分析水样

取 COD 预制管试剂瓶（COD 量程是 10～1500mg/L）。第一瓶用作空白，移取 2mL 纯净水至预制管内，盖紧拿着盖子摇匀；第二瓶取移取 2mL 水样至预制管内，盖紧拿着盖子摇匀。有几个水样拿几瓶。

摇匀后预制管会发烫属正常现象。

3. 消解

开启哈希 DRB200 消解器，桌面显示 COD，按左边第一个键就进入升温状态，约 7min 升到 150℃会发出提醒声，打开安全罩，按次序把调配好的预制管试剂放入，盖上安全罩，按左边第一个键即进入 120min 消解倒计时。倒计时结束后会进入降温状态，当降温至 120℃会发出提醒声，打开安全罩，将预制管试剂摇匀有次序放入带水烧杯内进行静置并冷却至室温。消解仪让它降温，等降到 80℃以下就可以关机。

(1) 将样品加入 COD 试剂瓶中。每个 COD 试剂瓶中都有 3mL 预置试剂，无须另行配制。拧开瓶盖，加入 2mL 样品，拧紧瓶盖（当使用 0~15000mg/L 的 COD 试剂瓶时，只需加入 0.2mL 样品）。

(2) 将 COD 试剂瓶插入反应器中。样品在 150℃下加热回流，反应器 2h 后自动关闭，可同时消解 25 个样品。

4. 测量

打开哈希 DR3900，按选项—所有程序—435 号程序 COD HR—按开始即选择了该程序。打开遮光罩把第一瓶空白预制管擦干净放入测量孔内，盖上遮光罩，按上箭头归零显示屏会显示 0mg/L，再依次把其余的预制管擦干净分别放入测量孔内，盖上遮光罩，按右边 read 键进行读取数据。记录数据乘以相应稀释倍数即得出最终数值。

5. 更换其他水样，重复上述步骤，将测得的结果记录于表 6-5 中。

## 五、数据处理

表 6-5　有机废水的 COD 测定结果　　　　　　　　　　单位：mg/L

| 待测废液 | 有机废水 1 | 有机废水 2 | 有机废水 3 | 有机废水 4 |
|---|---|---|---|---|
| COD | | | | |

## 六、思考题

什么情况下需要稀释样品测定 COD?

## 实验19 ▶▶
# 有机废水的生化需氧量测定

## 一、实验目的

1. 掌握生化需氧量（BOD）的测定原理和操作。
2. 掌握用修正的碘量法、溶解氧测定仪进行溶解氧的测定。
3. 掌握用稀释接种法测定 $BOD_5$ 的基本原理和操作技能。

## 二、实验原理

生化需氧量是指在有溶解氧的条件下，好氧微生物在分解水中有机物的生物化学氧化过程中所消耗的溶解氧量。可采用五日培养法，将一定量水样或稀释水样，在 20℃±1℃ 培养 5

天，分别测定水样培养前、后的溶解氧，二者之差为$BOD_5$值，以氧的 mg/L 表示。BOD 测定结果中同时亦包括如硫化物、亚铁盐等还原性无机物氧化所消耗的溶解氧量，但这部分通常占很小的比例。

有机物在微生物的作用下，好氧分解大体分两个阶段。第一阶段为含碳物质氧化前段，主要是含碳有机化合物氧化为二氧化碳和水；第二阶段为硝化阶段，主要是含氮有机化合物在硝化细菌的作用下分解为亚硝酸盐和硝酸盐。然而这两个阶段并非被截然分开，而是各有主次。对于生活污水及性质与其接近的工业废水，硝化阶段在 5～7 天，甚至 10 天以后才显著进行。测定 BOD 的方法有稀释与接种法（五日培养法，$BOD_5$法）、微生物电极法、库仑滴定法、压差法、相关计算法等。

BOD 是反映水体被有机物污染程度的综合指标，也是研究废(污)水可生化降解性和生化处理效果，以及废(污)水生化处理工艺设计和动力学研究中的重要参数。

## 三、实验材料与仪器

### 1. 实验材料

（1）磷酸盐缓冲溶液：将 8.5g 磷酸二氢钾（$KH_2PO_4$）、2.75g 磷酸氢二钾（$K_2HPO_4$）、33.4g 磷酸氢二钠（$Na_2HPO_4 \cdot 7H_2O$）和 1.7g 氯化钠（NaCl）溶于水中，稀释至 1000mL。此溶液的 pH 值应为 7.2。

（2）硫酸镁溶液：将 22.5g 硫酸镁（$MgSO_4 \cdot 7H_2O$）溶于水中，稀释至 1000mL。

（3）氯化钙溶液：将 22.7g 无水氯化钙溶于水，稀释至 1000mL。

（4）氯化铁溶液：将 0.25g 氯化铁（$FeCl_3 \cdot 6H_2O$）溶于水，稀释至 1000mL。

（5）盐酸溶液（0.5mol/L）：将 40mL（$\rho$=1.18g/mL）盐酸溶于水，稀释至 1000mL。

（6）氢氧化钠溶液（0.5mol/L）：将 20g 氢氧化钠溶于水，稀释至 1000mL。

（7）亚硫酸钠溶液（1/2 $Na_2SO_3$=0.025mol/L）：将 1.575g 亚硫酸钠溶液溶于水，稀释至 1000mL。此溶液不稳定，需每天配制。

（8）葡萄糖-谷氨酸标准溶液：将葡萄糖（$C_6H_{12}O_6$）和谷氨酸（HOOC—$CH_2$—$CH_2$—$CHNH_2$—COOH）在 105℃干燥 1h 后，各称取 150mg 溶于水中，移入 1000mL 容量瓶内并稀释至标线，混合均匀。此标准溶液临用前配制。

（9）稀释水：稀释水的 pH 值应为 7.2，其 $BOD_5$ 应小于 0.2mg/L。

（10）接种液：可选用以下任一种方法获得适用的接种液。

① 城市污水，一般采用生活污水，在室温下放置一昼夜，取上层清液供用。

② 表层土壤浸出液，取 100g 花园土壤或植物生长土壤，加 1L 水，混合并静置 10min，取上清溶液供用。

③ 用含城市污水的河水或湖水、污水处理厂的出水。

④ 当分析含有难于降解物质的废水时，在排污口下游 3～8km 处取水样做为废水的驯化接种液。

（11）接种稀释水：取适量接种液，加于稀释水中，混匀。每升稀释水中接种液加入量为：生活污水 1～10mL；表层土壤浸出液为 20～30mL；河、湖水为 10～100mL。接种稀释水的 pH 值应为 7.2，$BOD_5$ 值应在 0.3～1.0mg/L 之间为宜。接种稀释水配制后应立即使用。

2. 实验仪器

恒温培养箱，5～20L 细口玻璃瓶，1000～2000mL 量筒，玻璃搅拌棒（棒长应比所用量筒高度长 200mm，棒的底端固定一个直径比量筒直径略小，并有几个小孔的硬橡胶板），200～300mL 溶解氧瓶（带有磨口玻璃塞，并具有供水封用的钟形口），供分取水样和添加稀释水用的虹吸管。

## 四、实验步骤

1. 水样的预处理

（1）pH 值调节：若样品或稀释后样品 pH 值不在 6～8 范围内，应用盐酸溶液或氢氧化钠溶液将其 pH 值调节至 6～8。

（2）余氯和结合氯的去除：若样品中含有少量余氯，一般在采样后放置 1～2h 后游离氯即可消失。对于短时间内不能消失的余氯，可加入适量亚硫酸钠溶液去除样品中存在的余氯和结合氯，加入的亚硫酸钠溶液的量由下述方法确定：

取已中和好的水样 100mL，加入乙酸溶液 10mL、碘化钾溶液 1mL 混匀，暗处静置 5min。用亚硫酸钠溶液滴定析出的碘至淡黄色，加入 1mL 淀粉溶液呈蓝色。再继续滴定至蓝色刚刚褪去即为终点，记录所用亚硫酸钠溶液体积，由亚硫酸钠溶液消耗的体积计算出水样中应加亚硫酸钠溶液的体积。

（3）样品均质化：含有大量颗粒物、需要稀释倍数较大的样品或经冷冻保存的样品，测定前均需将样品搅拌均匀。

（4）样品中藻类的去除：样品中若有大量藻类存在，其 $BOD_5$ 的测定结果会偏高。当分析结果精度要求较高时，测定前应用滤孔为 1.6μm 的滤膜过滤，并在检测报告中注明所用滤膜滤孔的大小。

2. 水样的测定

（1）不经稀释水样的测定：溶解氧含量较高、有机物含量较少的地面水，可不经稀释，而直接以虹吸法将约 20℃的混合水样转移至两个溶解氧瓶内，转移过程中应注意不使其产生气泡。以同样的操作使两个溶解氧瓶充满水样后溢出少许，加塞水封（瓶内不应有气泡）。立即测定其中一瓶溶解氧。将另一瓶放入培养箱中，在 20℃±1℃培养 5 天后。测其溶解氧。

（2）需经稀释水样的测定：水样稀释倍数可根据 $COD_{Cr}$、$COD_{Mn}$ 或 TOC 按经验比值 $R$ 估计 $BOD_5$ 期望值（与水样类型有关），再确定水样稀释倍数。稀释倍数确定后按下法之一测定水样。

① 一般稀释法：按照选定的稀释比例，用虹吸法沿筒壁先引入部分稀释水（或接种稀释水）于 1000mL 量筒中，加入需要量的均匀水样，再引入稀释水（或接种稀释水）至 800mL，用带胶板的玻璃棒小心上下搅匀。搅拌时勿使搅棒的胶板露出水面，防止产生水泡。

按不经稀释水样的测定步骤，进行装瓶，测定当天溶解氧和培养 5 天后的溶解氧含量。

另取两个溶解氧瓶，用虹吸法装满稀释水（或接种稀释水）作为空白，分别测定 5 天前、后的溶解氧含量。

② 直接稀释法：直接稀释法是在溶解氧瓶内直接稀释。在已知两个容积相同（其差小

于 1mL）的溶解氧瓶内，用虹吸法加入部分稀释水（或接种稀释水），再加入根据瓶容积和稀释比例计算出的水样量，然后引入稀释水（或接种稀释水）至刚好充满，加塞，勿留气泡于瓶内。其余操作与上述一般稀释法相同。

在 BOD$_5$ 测定中，一般采用叠氮化钠修正法测定溶解氧。如遇干扰物质，应根据具体情况采用其他测定法。溶解氧的测定方法附后。

3. BOD$_5$ 计算

（1）不经稀释直接培养的水样：

$$BOD_5 = c_1 - c_2$$

式中　BOD$_5$——有机废水的五日生化需氧量，mg/L；

$c_1$——水样在培养前的溶解氧浓度，mg/L；

$c_2$——水样经 5 天培养后，剩余溶解氧浓度，mg/L。

（2）经稀释后培养的水样：

$$BOD_5 = \frac{(c_1 - c_2) - (B_1 - B_2)f_1}{f_2}$$

式中　$B_1$——稀释水（或接种稀释水）在培养前的溶解氧浓度，mg/L；

$B_2$——稀释水（或接种稀释水）在培养后的溶解氧浓度，mg/L；

$f_1$——稀释水（或接种稀释水）在培养液中所占比例；

$f_2$——水样在培养液中所占比例。

## 五、注意事项

1. 水中有机物的生化氧化过程分为炭化阶段和硝化阶段，测定一般水样的 BOD$_5$ 时，硝化阶段不明显或根本不发生，但对于生物处理池的出水，因其中含有大量硝化细菌，因此，在测定 BOD$_5$ 时也包括了部分含氮化合物的需氧量。对于这种水样，如只需测定有机物的需氧量，应加入硝化抑制剂，如丙烯基硫脲（ATU、$C_4H_8N_2S$）等。

2. 在两个或三个稀释比的样品中，凡消耗溶解氧量大于 2mg/L 和剩余溶解氧量大于 1mg/L 都有效，计算结果时，应取平均值。

3. 为检查稀释水和接种液的质量，以及化验人员的操作技术，可将 20mL 葡萄糖-谷氨酸标准溶液用接种稀释水稀释至 1000mL，按测定 BOD$_5$ 的步骤操作，测其 BOD$_5$，其结果应在 180～230mg/L 之间。否则，应检查接种液、稀释水或操作技术是否存在问题。

## 六、数据处理

记录待测水样的 BOD$_5$ 值于表 6-6。

表 6-6　有机废水的 BOD$_5$ 测定结果　　　　　　　　　　　单位：mg/L

| 待测废液 | 有机废水 1 | 有机废水 2 | 有机废水 3 | 有机废水 4 |
|---|---|---|---|---|
| BOD$_5$ | | | | |

## 七、思考题

1. 有机废水的 $BOD_5$ 值受什么因素的影响？
2. 实验误差的主要来源是什么？如何使实验结果较准确？
3. 根据实际控制实验条件和操作情况，分析影响测定准确度的因素。

# 6.2 有机废水的能源化利用技术

有机废水的能源化利用是在一定的工艺条件下，将有机废水转化为能源或能源载体而实现资源化利用的方法。根据工艺条件和转化方式的不同，有机废水能源化利用可分为焚烧、水热氧化、水热气化和生物气化（厌氧发酵产甲烷）。

## 实验20 ▶▶
## 有机废水的焚烧实验

### 一、实验目的

1. 了解有机废水焚烧的原理及工艺过程。
2. 熟悉有机废水焚烧过程的影响因素。

### 二、实验原理

有机废水的焚烧是将有机废水在专用的焚烧设备内与空气中的氧气接触并发生剧烈的化学反应，使其中所含的有机组分氧化彻底分解为小分子有机物的过程。然而，由于有机废水中一般含有较多的水分，其燃烧性能较差，因此在焚烧前需将其雾化为小液滴，以增大与氧气接触的表面积，提高废液与氧气的传质面积，提高焚烧速率。工业生产中产生的有机废水种类极其繁多，废液的热值取决于其中有机物的含量。在焚烧处理时，根据其热值的高低确定是否需要辅助燃料。

有机废液焚烧的一般工艺过程为：有机废液→预处理→高温焚烧→余热回收→烟气处理→烟气排放

1. 预处理

由于有机废液的来源及成分不同，通常都要进行预处理使其达到燃烧要求。

（1）一般的有机废液中都含有固体悬浮颗粒，而有机废液常采用雾化焚烧，因此在焚烧前需要过滤，去除有机废液中的悬浮物，防止固体悬浮物堵塞雾化喷嘴，使炉体结垢。

（2）不同工业废液的酸碱度不同。酸性废液进入焚烧炉会造成炉体腐蚀，而碱性废液更易造成炉膛的结焦结渣。因此有机废液在进入焚烧炉前需进行中和处理。

（3）低黏度的有机废液有利于泵送和喷嘴雾化，所以可采用加热或稀释的方法降低有机废液的黏度。

（4）喷液、雾化过程在废液焚烧过程中十分重要。雾化喷嘴的大小、嘴形直接关系到液滴的大小和液滴凝聚，因此需要选好合适的喷嘴和雾化介质。

（5）不适当混合会严重限制某些能作为燃料的废物的焚烧，合理混合能促进多组分废液的焚烧。混合组分的反应度和挥发性是提高混合方法效果的重要因素，混合物的黏性也十分重要，因为它影响雾化过程。合理的混合方法可以减少液滴的微爆现象。

2. 高温焚烧

有机废液的焚烧过程大致分为水分的蒸发、有机物的气化或裂解、有机物与空气中的氧发生燃烧反应三个阶段。焚烧温度、停留时间、空气过剩量等焚烧参数是影响有机废液焚烧效果的重要因素，在焚烧过程中要进行合适的调节与控制。

（1）大多数有机废液的焚烧温度范围为 $900 \sim 1200 ℃$，最佳的焚烧温度与有机物的构成有关。

（2）停留时间与废液的组成、炉温、雾化效果有关。在雾化效果好、焚烧温度正常的条件下，有机废液的停留时间一般为 $1 \sim 2 s$。

（3）空气过剩量的多少大多根据经验选取。空气过剩量大，不仅会增加燃料消耗，有时还会造成副反应。一般空气过剩量选取范围为 $20\% \sim 30\%$。

（4）对于工业废液中出现的挥发性有机化合物，可采用催化焚烧的方式，即对焚烧的废液进行催化氧化后再焚烧，此举可以降低运行温度，减少能量消耗。对于抗生物降解的有机废液，可以采用微波辐射下的电化学焚烧，它不会产生二次污染，容易实现自动化。

3. 余热回收

余热回收是将高浓度有机废液焚烧产生的热量加以回收利用，既节能又环保。常用的余热利用设备主要包括余热锅炉、空气换热器等。余热锅炉多用在废液热值高且处理量大的废液焚烧系统中。在废液处理规模较小的废液焚烧处理系统中多利用空气换热器，将空气预热后输送至焚烧炉中，达到余热利用的目的。余热利用需要尽量避开二噁英类物质合成的适宜温度区间（$300 \sim 500 ℃$）。

余热回收装置并不是废液焚烧炉的必要组件，其是否安装取决于焚烧炉的产热量，产热量低的焚烧炉安装余热回收装置是不经济的。废热回收设计还需考虑废液燃烧产生的 $HCl$、$SO_x$ 等物质的露点腐蚀问题，要控制腐蚀条件，选用耐腐蚀材料，保证其不进入露点区域。

4. 烟气处理

由于有机废液成分复杂，多含有氮、磷、氯、硫等元素，焚烧处理后会产生 $SO_2$、$NO_x$、$HCl$ 等酸性气体，不但污染大气，而且还降低了烟气的露点，造成炉膛腐蚀和积灰，影响锅炉的正常运行。因此，焚烧装置必须考虑二次污染问题，产生的烟气必须经过脱酸处理后才能排放到大气中。美国环境保护局（EPA）要求所有焚烧炉必须达到以下三条标准：①主要危险物 P、O、H、C 的分解率、去除率 $\geqslant 99.9999\%$；②颗粒物排放浓度 $34 \sim 57 mg/dscm$；③烟气中 $HCl/Cl_2$ 比值（体积浓度比，干基，以 $HCl$ 计）为 $21 \sim 600$。我国出台的《危险废物焚烧污染控制标准》（GB 18484—2020），对高浓度有机废液等危险废物焚烧处理的烟气排放进行了严格的规定。

## 三、实验材料、设备与仪器

### 1. 实验材料

实验用的有机废水可以是自行配制的有机液体，也可采用直接来源于工业企业的有机废水。可采用焚烧处理的废水的 COD 浓度一般很高，约 $1 \times 10^6$ mg/L（以 COD 计），如农药废水、制药废水等。

### 2. 实验设备

废液焚烧的工艺流程如图 6-1 所示。高浓度有机废水经过滤器过滤后用泵输送到废液焚烧室，同时油贮槽内的轻柴油或溶剂通过管路输送到燃烧器，由自动点火系统使炉内温度缓慢升高约 30min 左右，当控制柜上的炉温显示仪显示 900℃时，开启废液雾化系统和压缩空气输送系统，将废液呈雾状喷入炉体内燃烧，空气通过一个沿着焚烧炉的主管成切线方向引入炉体，注入的空气产生一个火焰柱体，盘旋着从炉体中排出。旋转的废液与高温燃烧气体激剧搅动，迅速发生氧化反应，焚烧按照温度、时间、涡流的要求设计。废液进入焚烧炉后，燃烧火焰以 2～3m/s 的速度沿炉本体主燃烧筒旋转，并以 2～3m/s 的速度沿炉体做轴向运动，大大延长了废液在高温火焰区的停留时间；强压空气速度 2～3m/s 组成交织的密闭火力网，使火焰涡流得以充分燃烧，产生的烟气进入 G-G 热交换器与空气进行热能交换，换热后的空气供废液燃烧室回收使用，减少燃料使用量，然后废气进入水冷式集尘器，除去大颗粒粉尘后，再进入喷淋吸收装置，用碱液池中的碱液进行喷淋，吸收去除有害气体和小颗粒粉尘，达到无毒、无烟、无害、无臭的效果，然后进入雾水分离器雾水分离，再经排风机将处理后达标的气体引进烟囱排入大气层，燃烧室燃烧产生的灰渣经过人工筛分后转移填埋。

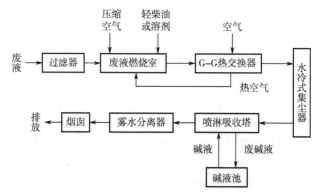

**图6-1 高浓度有机废液的无烟焚烧工艺流程**

图 6-2 所示为焚烧炉炉体的简易结构。通常为内衬耐火材料的圆筒（水平或垂直放置），配有一级或二级燃烧器 2、6。废液通过喷嘴雾化为细小液滴，在高温火焰区域内以悬浮态燃烧。可以采用旋流或直流燃烧器，以便废液雾滴与助燃空气充分混合，增加停留时间，使废液在高温区内充分燃烧。废液雾滴在燃烧室内的停留时间一般为 0.3～2.0s，焚烧炉炉温一般为 1200℃，最高温度可达 1650℃。良好的雾化是达到有害物质高分解率的关键，常用的雾化技术有低压空气雾化、蒸汽雾化和机械雾化。一般高黏度废液应采用蒸汽雾化，低黏度废液可采用机械雾化或空气雾化。为了防止焚烧爆炸性液体时产生爆炸，在炉膛顶部设置有卸爆阀 5；同时为了清除炉内的残渣，设有排渣炉门 7。

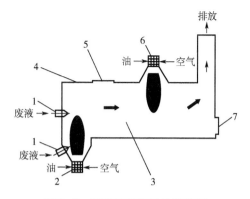

**图6-2　焚烧炉简易结构示意图**

1—废液雾化器；2——级燃烧器；3—炉膛；4—炉壁；5—卸爆阀；6—二级燃烧器；7—排渣炉门

### 3. 实验仪器

分析天平、烟气分析仪、分光光度计等。

## 四、实验步骤

1. 按图 6-1 所示的工艺流程，连接好相关设备，并采用空气进行气密性实验。

2. 首先以柴油为原料，按图 6-2 所示的工艺流程进行喷雾燃烧。

3. 约半小时后，待焚烧炉内温度升至 900℃左右后，即以待实验的废液替代柴油进行喷雾燃烧。分别考虑废液中有机物浓度（以 COD 计）对燃烧过程（燃烧温度、烟尘、二氧化硫、氮氧化物等）的影响。

4. 切换不同种类的待实验废液，重复上述实验步骤，将结果记录于表 6-7 中。

## 五、数据记录

表6-7　废水焚烧废液排放废气监测结果

| 废液 COD /(mg/L) | 烟尘 /（mg/m³） | 二氧化硫 /(mg/m³) | 氮氧化物(NO₂) /(mg/m³) |
|---|---|---|---|
|  |  |  |  |
|  |  |  |  |
|  |  |  |  |
|  |  |  |  |

## 六、思考题

分析有机废液的热值对其燃烧过程的影响?

## 实验 21 ▸▸

# 有机废水的水热氧化实验

## 一、实验目的

1. 了解有机废水水热氧化的原理及适用范围。
2. 了解有机废水超临界水氧化的原理及工艺过程。
3. 了解有机废水超临界水氧化过程的影响因素。

## 二、实验原理

水热氧化技术是在高温高压下，以空气或其他氧化剂使有机废水中的有机物（或还原性无机物）在液相条件下发生氧化分解反应或氧化还原反应，大幅去除介质中的 COD、$BOD_5$ 和悬浮物（SS），并改变有害金属的存在状态，大幅降低其毒性。根据反应所处的工艺条件，水热氧化可分为湿式氧化和超临界水氧化。

反应温度和压力在水的临界点以下的水热氧化称为湿式氧化(wet oxidation，WO)，典型运行条件为温度 150～350℃，压力 2～20MPa，反应时间 15～20min。如果使用空气作氧化剂，则称为湿式空气氧化（wet air oxidation，WAO）。反应温度和压力超过水的临界点的水热氧化称为超临界水氧化（supercritical water oxidation，SCWO），典型运行条件为温度 400～600℃，压力 25～40MPa，反应时间数秒至几分钟。当在反应系统中加入催化剂时，相应称为催化湿式氧化（CWAO）和催化超临界水氧化（CSCWO）。

超临界水氧化技术是在水的超临界状态（临界温度是 374.3℃，临界压力是 22.1MPa,）下，有机物在超临界水中与氧化剂发生强烈氧化反应的过程，整个过程中由于超临界水可与有机物和氧气、空气等以任意比例互溶，气液两相界面消失成为各相均一的单相体系，使本来发生的多相反应转化为单相反应，反应不会因相间转移而受到限制，加快了反应速率、氧化分解彻底，一般只需几秒至几分钟即可将有机物彻底氧化分解，去除率可达99%以上。

从理论上讲，SCWO 技术适用于处理任何含有机污染物的废物：高浓度的有机废水、有机蒸汽、有机固体、有机废水、污泥、悬浮有机溶液或吸附了有机物的无机物。在很短的时间内将难降解的、危险的有机物彻底转化为 $CO_2$ 和 $H_2O$，将氮转化为 $N_2$ 或 $N_2O$ 等无害物质，将水体中的磷、氯、硫等元素氧化，以无机盐的形式从超临界水中沉积下来，实现有机有毒污染物的无害化。

## 三、实验材料与仪器

1. 实验材料
待测试的有机废水（可以是人为配制的有机废水，也可选用工业企业的实际生产废水）。
2. 实验设备
自行设计制造的超临界水氧化反应器。

3. 实验仪器

分析天平、pH 计、COD 快速测定仪、分光光度计等。

## 四、实验步骤

有机废水超临界水氧化实验装置工艺流程如图 6-3 所示。

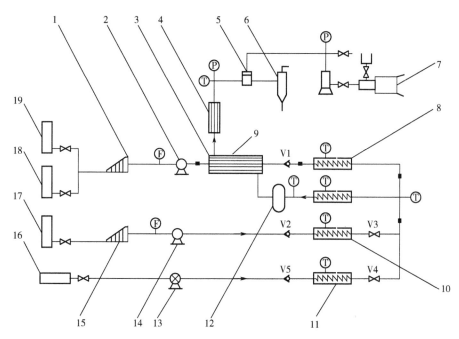

图6-3　有机废水超临界水氧化实验装置工艺流程图

1—废水过滤器；2—废水泵；3—换热器；4—冷凝器；5—回压阀；6—气液分离器；7—手动泵；8—废水预热器；

9—反应器；10—双氧水预热器；11—氧气预热器；12—无机盐分离器；13—气体增压泵；14—双氧水泵；

15—双氧水过滤器；16—氧气瓶；17—双氧水罐；18—储液罐1；19—储液罐2

1. 系统启动。将储液罐 1 装满废水，储液罐 2 装满清水，双氧水罐装满清水，关上储液罐 1 阀门，打开储液罐 2 阀门，打开废水和双氧水高压柱塞泵并调节到一定的流量，打开冷凝器冷却液阀门，打开废水罐预热器、双氧水预热器、反应器的加热装置并有序调节到一定温度，调节控压系统一定压力。

2. 当反应器出口和进口达到一定温度后，用双氧水代替原双氧水罐中的清水（不直接使用双氧水加热是为了降低实验运行的成本），工艺条件稳定之后，打开储液罐 1 阀门，关上储液罐 2 阀门。

3. 储罐 1 中的废水，先经过流量计，经过高压柱塞泵，进入热交换器，再进入预热器预热，同样一定流量双氧水被高压泵注入双氧水预热器预热。两股被加热的流体在混合后进入反应器反应。

4. 混合液体进入反应器，停留一定的时间，使其中的有机物、氨氮和总磷与氧化剂进行充分的反应，废水中的有机物、氨氮及总磷等有害物质被降解成二氧化碳、氮氧化物及磷酸盐。

5. 反应器出来的超临界水里含有大量的无机盐，经过无机盐分离器后，这些无机盐被分离出来，由于此时的超临界水含有大量可利用的热能，从分离器出来的流体进入热交换器预热废水，再进入冷凝器冷却，经过控压阀后经过气液分离器，最后排出。

6. 达到所有所需的工艺条件包括流量、过氧量、反应温度、反应压力后，整个系统稳定运行约 1h 再取水样。

7. 分别设定不同的温度、压力、停留时间，重复上述实验步骤。

温度梯度设置为 380℃、400℃、420℃、440℃、460℃、480℃，考察不同温度对出水水质的影响，测试的结果填入表 6-8 中。

压力梯度设置为 20MPa、22MPa、24MPa、26MPa、28MPa、30MPa，考察不同压力对出水水质的影响，测试的结果填入表 6-9 中。

停留时间梯度设置为 20s、40s、60s、80s、100s、120s，考察不同停留时间对出水水质的影响，测试的结果填入表 6-10 中。

8. 当实验完成后，关闭废水预热器、双氧水预热器、反应器的加热装置，关上储液罐 1 阀门，打开储液罐 2 阀门，继续让装置运行，慢慢降低装置的温度，清洗整个管道系统。


## 五、注意事项

本实验过程高温高压，因此操作时应格外小心，务必注意实验安全操作，在老师指导下开展实验。操作要点有：

（1）连接管路的各接头必须确保拧紧。

（2）预热炉、反应炉、换热器、部分管路虽经保温处理，但其表面仍有很高的温度，操作时切勿触碰，以防烫伤。

（3）电加热设备必须有安全可靠的接地装置，电源必须有漏电保护装置。

（4）传感器、压力表、流量计及管路系统有其最高工作压力，操作时不能超过其规定值，以防损坏仪表、设备。

（5）系统回压控制可采用气体做控制压力，当气体压力不够时可用手动泵加压提高控制压力值。


## 六、数据处理

1. 数据记录表

（1）温度对超临界水氧化过程的影响：

环境温度：　　　进水 pH 值：　　　废水流量：　　　反应压力：　　　供氧量：

表 6-8　不同温度对超临界水氧化出水水质的影响

| 出水水质指标 | 反应温度/℃ | | | | | |
|:---:|:---:|:---:|:---:|:---:|:---:|:---:|
| | 380 | 400 | 420 | 440 | 460 | 480 |
| COD/（mg/L） | | | | | | |
| NH$_3$-N/（mg/L） | | | | | | |

（2）压力对超临界水氧化过程的影响

环境温度：　　　进水 pH 值：　　　废水流量：　　　反应温度：　　　供氧量：

表 6-9　不同压力对超临界水氧化出水水质的影响

| 出水水质指标 | 反应压力/MPa | | | | | |
|---|---|---|---|---|---|---|
| | 20 | 22 | 24 | 26 | 28 | 30 |
| COD/（mg/L） | | | | | | |
| NH₃-N/（mg/L） | | | | | | |

（3）停留时间对超临界水氧化过程的影响

环境温度：　　　进水 pH 值：　　　废水流量：　　　反应温度：　　　反应压力：

表 6-10　不同停留时间对超临界水氧化出水水质的影响

| 出水水质指标 | 停留时间/s | | | | | |
|---|---|---|---|---|---|---|
| | 20 | 40 | 60 | 80 | 100 | 120 |
| COD/（mg/L） | | | | | | |
| NH₃-N/（mg/L） | | | | | | |

2. 数据分析

（1）反应温度对 COD 去除率的影响。

（2）反应压力对 COD 去除率的影响。

（3）停留时间对 COD 去除率的影响。

## 七、思考题

1. 除反应温度、反应压力、停留时间外，超临界水氧化过程的影响因素还有哪些?
2. 超临界水氧化过程的能源消耗在哪几个方面?

## 实验22 ▶▶
# 有机废水的水热气化实验

## 一、实验目的

1. 了解有机废水水热反应的过程和原理、流程和操作。

2. 掌握污泥超临界水气化的操作特点及影响水热气化结果的主要因素。

## 二、实验原理

水热气化是以追求气体产物产率为目标的水热处理过程。依据水热气化条件和主要气体产物，水热气化可以划分为以下三类。

（1）水相重整：在 215～265℃的条件下，废弃物中的有机组分在 Pt、Ni、Ru 等异相催化剂的作用下主要产生 $H_2$ 和 $CO_2$。

（2）近临界催化气化：在 350～400℃的条件下，废弃物中的有机组分在异相催化下主要产生 $CH_4$ 和 $CO_2$。

（3）超临界水气化：废弃物中的有机组分在无须添加催化剂的条件下主要被气化成 $H_2$ 和 $CO_2$，在更高温度下可以实现有机废弃物的完全气化，但负载催化剂可以降低反应温度。

有机废水超临界水气化技术是将有机废水和催化剂放在一个高压的反应器内，利用超临界水具有的较强溶解能力，将有机废水中的各种有机物溶解，然后在均相反应条件下经过一系列复杂的热解、氧化、还原等反应过程，最终将有机废水中的有机质催化裂解为富氢气体的一种新型气化技术。

理论上讲，以富含碳氢化合物的有机废弃物为原料，在超临界水条件下的气化过程是依靠外部提供的能量使废弃物中有机质原有的 C—H 键全部断裂（即高温分解与水解过程）后，再经蒸汽重整而生成氢气。其化学方程式可表示如下：

$$CH_xO_y+(1-y)H_2O \longrightarrow CO+(1-y+x/2)H_2 \tag{6-10}$$

当然，在生物质气化产生氢气的同时，也伴随着水汽转化反应[式（6-11）]与甲烷化反应[式（6-12）]：

$$CO+H_2O \longrightarrow CO_2+H_2 \tag{6-11}$$

$$CO+3H_2 \longrightarrow CH_4+H_2O \tag{6-12}$$

可以看出，在超临界水气化过程中，水既是反应介质又是反应物，在特定的条件下能够起到催化剂的作用。有机废水在超临界水条件下气化制氢的关键问题是抑制可能发生的小分子化合物聚合以及甲烷化反应，促进水汽转化反应，以提高气化效率和氢气的产量。

与常压下的高温气化过程相比，超临界水气化的主要优点是：①超临界水是均相介质，使得在异构化反应中因传递而产生的阻力冲击有所减少；②高固体转化率，气化率可达100%，有机化合物和固体残留物均很少，这对气化过程中考虑焦炭和焦油等的作用时是至关重要的；③气体中氢气含量高（甚至超过50%）；④由于特殊的操作条件，使反应可在高转化率和高气化率下进行；⑤由于直接在高压下获得气体，因此所需的反应器体积较小，存储时耗能少，所得气体可以直接输送。因此超临界水气化技术作为一种全新的有机物处理和资源化利用技术，是美国能源部（DOE）氢能计划的一部分，已成为当前国际上的研究热点之一，有着很好的应用前景。

## 三、实验材料与仪器

**1. 实验材料**

有机污泥（一种较浓稠的有机废水）、锯末等。

**2. 实验装置**

超临界水气化反应系统。污泥超临界水气化过程的工艺流程如图6-4所示。

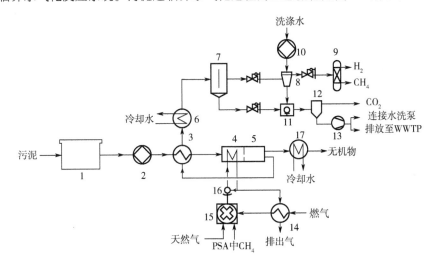

**图6-4　污泥超临界水气化过程的工艺流程图**

1—准备室；2—高压泵；3—热交换器（预热）；4—热交换器；5—反应器；6—热交换器（产物冷却）；7—气液分离装置；8—洗涤器；9—变压吸附装置；10—高压泵；11—混合室；12—膨胀室；13—污水泵；14—气体预热装置；15—燃烧室；16—气体混合装置；17—无机物冷却器

**3. 实验仪器**

分析天平、pH计、烟气分析仪等。

## 四、实验步骤

1. 系统启动。污泥超临界水气化系统的启动与前述有机废水超临界水氧化系统的启动大致相同。所不同的是污泥超临界水气化系统不需要氧化剂。

2. 反应结束后，降温至室温，收集水热反应后的水热液、水热渣和水热气。

3. 研究温度对污泥超临界水气化过程的影响：

（1）改变超临界水气化过程的温度，分别设置为300℃、350℃、400℃、450℃和500℃，重复实验。将结果记录于表6-11中。

（2）将收集的水热气称重，分析其质量变化，并采用气体成分分析仪分析气体的组成。

4. 研究压力对污泥超临界水气化过程的影响：

（1）改变超临界水气化过程的压力，分别设置为20MPa、22MPa、24MPa、26MPa、28MPa和30MPa，重复实验。将结果记录于表6-12中。

（2）将收集的水热气称重，分析其质量变化，并采用气体成分分析仪分析气体的组成。

5. 研究添加物对污泥超临界气化过程的影响：

（1）通过向污泥中掺加不同比例的锯末，改变污泥的组成，在压力 24MPa、温度 350℃ 条件下，重复实验。将结果记录于表 6-13 中。

（2）将收集的水热气称重，分析其质量的变化，并采用气体成分分析仪分析气体的组成。

## 五、注意事项

本实验过程高温高压，因此操作时应格外小心，务必注意实验安全操作，在老师指导下开展实验。操作要点有：

（1）连接管路的各接头必须确保拧紧。

（2）预热炉、反应炉、换热器、部分管路虽经保温处理，但其表面仍有很高的温度，操作时切勿触碰，以防烫伤。

（3）电加热设备必须有安全可靠的接地，电源必须有漏电保护装置。

（4）系统有其最高工作压力，操作时不能超过其规定值，以防损坏仪表、设备。

（5）系统回压控制可采用气体做控制压力，当气体压力不够时可用手动泵加压提高控制压力值。

## 六、数据处理

将实验数据记录至表 6-11～表 6-13。根据实验过程的数据记录，对污泥超临界水气化反应前后的形态变化进行比较，同时分析不同温度、压力和锯末添加量对水热气产率及组成的影响。

表 6-11　不同温度下污泥超临界水气化的气体产量及组成

| 水热温度/℃ | 水热气 | | | | | | 水热渣总质量/g | 水热液总质量/g |
|---|---|---|---|---|---|---|---|---|
| | 总质量/g | H₂/% | CO/% | CH₄/% | CO₂/% | LHV/（MJ/m³） | | |
| 300 | | | | | | | | |
| 350 | | | | | | | | |
| 400 | | | | | | | | |
| 450 | | | | | | | | |
| 500 | | | | | | | | |

表 6-12　不同压力下污泥超临界水气化的气体产量及组成

| 水热压力/MPa | 水热气 | | | | | | 水热渣总质量/g | 水热液总质量/g |
|---|---|---|---|---|---|---|---|---|
| | 总质量/g | H₂/% | CO/% | CH₄/% | CO₂/% | LHV/（MJ/m³） | | |
| 20 | | | | | | | | |
| 22 | | | | | | | | |
| 24 | | | | | | | | |
| 26 | | | | | | | | |
| 28 | | | | | | | | |
| 30 | | | | | | | | |

表6-13　不同锯末添加量下污泥超临界水气化的气体产量及组成

| 锯末添加量/% | 水热气 | | | | | | 水热渣总质量/g | 水热液总质量/g |
|---|---|---|---|---|---|---|---|---|
| | 总质量/g | $H_2$/% | CO/% | $CH_4$/% | $CO_2$/% | LHV/（$MJ/m^3$） | | |
| 5 | | | | | | | | |
| 8 | | | | | | | | |
| 10 | | | | | | | | |
| 12 | | | | | | | | |

## 七、思考题

1. 影响污泥超临界水气化产物的因素有哪些?
2. 简述热解气化和水热气化的区别。

## 实验23 ▶▶
# 有机废水厌氧发酵产甲烷实验

## 一、实验目的

1. 掌握有机废水厌氧发酵产甲烷的过程和机理。
2. 了解湿发酵的操作特点及主要控制条件。

## 二、实验原理

厌氧消化或称厌氧发酵是一种普遍存在于自然界的微生物过程。凡是在含有机物和一定水分的地方,只要供氧条件差和有机物含量多,都会发生厌氧消化现象,有机物经厌氧分解产生 $CH_4$、$CO_2$ 和 $H_2S$ 等气体。因此,厌氧消化处理是指在厌氧状态下利用厌氧微生物使废弃物中的有机物转化为 $CH_4$ 和 $CO_2$ 的过程。由于厌氧消化可以产生以 $CH_4$ 为主要成分的沼气,故又称之为甲烷发酵。厌氧消化可以去除废物中 30%~50%的有机物并使之稳定化。20世纪 70 年代初,由于能源危机和石油价格的上涨,许多国家开始寻找新的替代能源,使得厌氧消化技术显示出其优势。

有机废水厌氧发酵是指在厌氧状态下利用厌氧微生物使废液中的有机物转化为 $CH_4$ 和 $CO_2$ 的过程。厌氧发酵是有机物在无氧条件下被微生物分解、转化成甲烷和二氧化碳等,并合成自身细胞物质的生物学过程,如式 6-13 所示。

$$有机物+H_2O+营养物 \xrightarrow{\text{厌氧微生物}} 细胞物质+CH_4\uparrow+CO_2\uparrow+NH_3\uparrow+H_2\uparrow+ \quad (6\text{-}13)$$
$$H_2S\uparrow+\cdots+抗性生物+热量$$

厌氧发酵一般可以分为三个阶段:水解阶段、产酸阶段和产甲烷阶段。参与厌氧分解的微生物可以分为两类,一类是由一个十分复杂的混合发酵细菌群将复杂的有机物水解,并进一步分解为以有机酸为主的简单产物,通常称之为水解菌。在中温沼气发酵中,水解菌主要属于厌氧细菌，包括梭菌属、拟杆菌属、真细菌属、双歧杆菌属等。在高温厌氧发酵中，有梭菌属、无芽孢的革兰氏阴性杆菌、链球菌和肠道菌等兼性厌氧细菌。第二阶段的微生物为绝对厌氧细菌，其功能是将有机酸转变为甲烷，被称之为产甲烷细菌。产甲烷细菌的繁殖相当缓慢，且对于温度、抑制物的存在等外界条件的变化相当敏感。产甲烷阶段厌氧消化过程是十分重要的环节，产甲烷细菌除了产生甲烷外，还起到分解脂肪酸调节 pH 值的作用。同时，通过将氢气转化为甲烷，可以减小氢的分压，有利于产酸菌的活动。

由于厌氧发酵的原料来源复杂，参加反应的微生物种类繁多，使得厌氧发酵过程变得非常复杂。一些学者对厌氧发酵过程中物质的代谢、转化和各种菌群的作用等进行了大量的研究，但仍有许多问题有待进一步的探讨。因为有机废水中含有大量的水，其厌氧发酵过程都是在发酵池内以水为媒介进行，因此称这种发酵方式称为湿发酵。

## 三、实验材料与仪器

1. 实验装置

厌氧反应器。

2. 实验材料

有机废水。

3. 实验仪器

分析天平、pH 计、气体成分分析仪等。

## 四、实验步骤

1. 量取一定量的有机废水，将其倒入厌氧反应器内。

2. 将接种驯化好的污泥加热至一定的温度（20℃），加入厌氧反应器内。

3. 从反应器出气口收集产生的气体，并用气体成分分析仪进行分析。

4. 改变厌氧温度，按 25℃、30℃、35℃、40℃、50℃、60℃、70℃，重复上述步骤，结果记录于表 6-14。

5. 改变废水的 pH 值，按 6.0、6.5、7.0、7.5、8.0、8.5，重复上述步骤，结果记录于表 6-15。

6. 改变废水的 COD 值，按 3000mg/L、5000mg/L、7000mg/L、9000mg/L、12000mg/L、15000mg/L，重复上述步骤，结果记录于表 6-16。

## 五、数据处理

表 6-14　不同发酵温度时的气体产量及组成

| 发酵温度/℃ | 发酵产气 | | | | | |
| --- | --- | --- | --- | --- | --- | --- |
| | 总质量/g | $H_2$/% | CO/% | $CH_4$/% | $CO_2$/% | LHV/（MJ/m³） |
| 25 | | | | | | |

| 发酵温度/℃ | 发酵产气 | | | | | |
| --- | --- | --- | --- | --- | --- | --- |
| | 总质量/g | H$_2$/% | CO/% | CH$_4$/% | CO$_2$/% | LHV/（MJ/m$^3$） |
| 30 | | | | | | |
| 35 | | | | | | |
| 40 | | | | | | |
| 50 | | | | | | |
| 60 | | | | | | |
| 70 | | | | | | |

表 6-15　不同废液 pH 值时的气体产量及组成

| 废液 pH 值 | 发酵产气 | | | | | |
| --- | --- | --- | --- | --- | --- | --- |
| | 总质量/g | H$_2$/% | CO/% | CH$_4$/% | CO$_2$/% | LHV/（MJ/m$^3$） |
| 6.0 | | | | | | |
| 6.5 | | | | | | |
| 7.0 | | | | | | |
| 7.5 | | | | | | |
| 8.0 | | | | | | |
| 8.5 | | | | | | |

表 6-16　不同废液 COD 值时的气体产量及组成

| 废液 COD 值/（mg/L） | 发酵产气 | | | | | |
| --- | --- | --- | --- | --- | --- | --- |
| | 总质量/g | H$_2$/% | CO/% | CH$_4$/% | CO$_2$/% | LHV/（MJ/m$^3$） |
| 3000 | | | | | | |
| 5000 | | | | | | |
| 7000 | | | | | | |
| 9000 | | | | | | |
| 12000 | | | | | | |
| 15000 | | | | | | |

## 六、思考题

工业废水中一般都含有一定浓度的重金属，其对厌氧发酵过程可能有何影响？

第 **7** 章

# 有机废气中污染物的净化实验

　　有机废气，就是含有一定挥发性有机化合物（volatile organic compounds，VOCs）的气体，有机废气易造成大气污染，进而影响人体健康及工农业生产，危害较大。

　　有机废气根据来源可分为自然源排放的废气和人为源排放的废气。自然源是指因自然原因所造成的 VOCs 排放源，如植物释放、森林火灾、火山释放等；人为源是指人类的生活和生产活动所造成的 VOCs 排放源，人为源可进一步分为工业源、交通源、农业源和生活源。表 7-1 所示为各种来源的典型排放过程。实际上，不同研究者对人为源划分的方法也不尽相同，这里仅列出一种分类方法供参考。

**表 7-1　VOCs 排放源分类与典型排放过程**

| VOCs 排放源 | 类别 | 子类别 | 典型排放过程 |
|---|---|---|---|
| 人为源 | 工业源 | 产品生产 | 炼油、炼焦、化学品制造、合成制药、食品加工等行业的产品生产过程 |
| | | 溶剂使用 | 油漆、表面喷涂、干洗、溶剂脱脂、油墨印刷、人造革生产、胶黏剂使用、冶金铸造等 |
| | | 废物处理 | 污水处理、垃圾填埋与焚烧等 |
| | | 存储输送 | 含 VOCs 原料和产品的储存、运输等 |
| | | 燃料燃烧 | 煤燃烧、生物质燃烧等 |
| | 交通源 | 交通运输 | 交通工具尾气排放 |
| | 农业源 | 畜禽养殖 | 养鸡、养猪、养牛等 |
| | | 农田释放 | 作物和土壤释放 |
| | 生活源 | 产品使用 | 室内装修、家具释放等 |
| 自然源 | | | 森林火灾、植物释放、火山喷发等 |

　　在全球范围内，VOCs 自然源的排放量远远高于人为源，但在局部环境范围内，人为源的排放作用更为重要。在我国，自然源和人为源的排放水平比较接近，年排放量均为 10～

20Mt。而在一些更小的区域范围内，人为排放源的排放量远高于自然排放源。

近年来，我国针对工业 VOCs 排放的研究主要从重点行业和重点区域两个方面开展。涉及的重点行业包括石油炼化、合成材料、涂料、制药、漆包线生产、印刷电路板等，涉及的重点区域包括工业化程度和经济发展水平较高的地区，如珠三角地区、长三角地区和京津冀地区等。

有机废气的净化，就是将有机废气通过一定的方式进行处理，将其中的有机组分捕集或转化而去除，从而使气体得到净化。

根据废气中成分的不同，有机废气的净化技术主要有吸附净化和催化净化两种。具体采用何种方法，需根据有机废气的理化性质而定。

# 7.1 有机废气的理化性质测定

根据世界卫生组织的定义，凡在标准状况下（273K，101.325kPa）下，饱和蒸气压超过 133.32Pa 的有机物（不包括金属有机物和有机酸类），称为挥发性有机物（VOCs），如苯、卤代烃、含氧烃等。这类有机物数量多，大多具有毒性，广泛分布于环境中。近年来，VOCs 污染越来越受到人们的重视。

## 7.1.1 典型 VOCs 物质

表 7-2 列出了一些典型的 VOCs 物质。可以看出，VOCs 包括脂肪族和芳香族的各种烷烃、烯烃、含氧烃和卤代烃等。

表 7-2 典型 VOCs 物质

| 类　别 | 典型物质 |
|---|---|
| 脂肪族 VOCs | 二氯甲烷、四氯化碳、正己烷、乙烯、三氯乙烯、乙醇、甲基硫醇、甲硫醚、甲醛、丙酮、乙酸、乙酸乙酯、三甲胺 |
| 芳香族 VOCs | 苯、甲苯、乙苯、二甲苯、苯酚、苯乙烯、氯苯、萘 |

## 7.1.2 VOCs 物质的危害性

VOCs 物质几乎都会对人类健康与大气环境产生较大的危害性。

首先，许多 VOCs 物质对生物体具有毒性，对人类健康能够产生直接危害。典型 VOCs 的毒性效应见表 7-3。

表 7-3 典型 VOCs 毒性效应

| 典型 VOCs | 毒性效应 |
|---|---|
| 丙烯醛、苯、甲苯 | 黏膜刺激剂 |

续表

| 典型 VOCs | 毒性效应 |
|---|---|
| 甲醇、甲醛、乙醛 | 呼吸道刺激剂 |
| 乙醛、丙酮、苯、甲苯 | 中枢神经系统抑制剂 |
| 乙二醇、三氯乙烯、甲苯、肼 | 肾脏毒剂 |
| 乙炔、甲烷、丙烯 | 单纯窒息剂 |
| 异戊醇、苯 | 心血管系统毒剂 |
| 吲哚 | 血液毒剂 |
| 甲醇 | 末梢神经系统毒剂 |
| 苯 | 造血组织毒剂肝脏毒剂 |
| 甲苯、肼 | 肝脏毒剂 |

例如，苯（benzene）、甲苯（toluene）、乙苯（ethylbenzene）、二甲苯（xylene）合称BTEX，是工业上经常使用的有机溶剂，被广泛应用于油漆、脱脂、干洗、印刷、纺织、合成橡胶等行业。BTEX 在生产、储运和使用过程中，会挥发到大气中造成污染。经研究，BTEX 具有神经毒性（引起神经衰弱、头痛、失眠、眩晕、下肢疲惫等症状）和遗传毒性（破坏 DNA），可导致与其长期接触的人体患上贫血症和白血病，因此 BTEX 被美国环境保护局列入优先控制的主要污染物名单。

许多分子量较小的烃类或它们的衍生物能使人产生急性中毒。例如甲醇在体积比为 $0.27\times10^{-6}$ 时就会使人感到不适，甲醛在体积比为（4.4～14.6）$\times10^{-9}$ 时会对人的眼睛产生伤害。世界卫生组织欧洲事务局总结了总挥发性有机物浓度（TVOC）对人体健康的影响，见表 7-4。

**表 7-4　TVOC 对人体健康的影响**

| 总有机物浓度/ (mg/m$^3$) | 对人体健康的影响 |
|---|---|
| <0.2 | 未发现有影响 |
| [0.2, 0.3) | 可能有影响，但影响会很小 |
| [0.3, 3) | 若有加和作用，会产生炎症和不适应的感觉 |
| [3, 5) | 异味，居住者反应强烈 |
| [5, 8) | 对生理影响明显，致眼、鼻、喉炎症 |
| [8, 25) | 头痛、头晕 |
| ≥25 | 头痛，毒害神经 |

其次，许多 VOCs 具有刺激性气味，相当一部分物质能产生臭味，这些物质存在于空气中能够引起人类产生不愉快的感觉，降低人们的生活环境质量。恶臭物质（odorant）是指一切刺激嗅觉器官引起人们不愉快及损坏生活环境的气体物质。多数恶臭物质也具有挥发性，VOCs 与恶臭物质在危害与控制等方面具有许多相似之处。

除了对人类健康产生直接影响外，排入大气的 VOCs 还能够与其他污染物作用产生二次污染物，例如臭氧和细颗粒物，造成光化学烟雾和霾的污染，对人类健康产生更大的危害。此外，VOCs 的污染范围不仅仅局限在一个城市或国家内，随着它的扩散与迁移，VOCs 可以引起各种区域或全球大气环境问题，例如酸雨、臭氧层破坏、全球变暖等，因此 VOCs 的污染具有跨国性和全球性。

由于 VOCs 具有挥发性，在常温条件下很容易挥发到气体当中形成 VOCs 气体，从而可能对人体和环境产生危害，造成 VOCs 气体污染。

为了深入了解各种有机废气中污染物的脱除与净化技术的方法与常见工艺，相关专业开设如下相关实验。

## 实验24 ▶▶
## 有机废气中硫氧化物的测定

## 一、实验目的

1. 掌握甲醛缓冲溶液吸收-盐酸副玫瑰苯胺分光光度法测定气体中 $SO_2$ 的方法。
2. 熟悉相关 $SO_2$ 检测仪器的校准与使用方法。

## 二、实验原理

$SO_2$ 是主要空气污染物之一，为例行监测的必测项目。$SO_2$ 是一种无色、易溶于水、有刺激性气味的气体，能通过呼吸进入气管，对局部组织产生刺激和腐蚀作用，是诱发支气管炎等疾病的原因之一，特别是当它与烟尘等气溶胶共存时，可加重对呼吸道黏膜的损害。二氧化硫是形成酸雨的主要因素之一，也是衡量环境空气质量重要的评价指标之一，主要来源于煤和石油等燃料的燃烧、含硫矿石的冶炼、硫酸等化工产品生产排放的废气。

测定气氛中二氧化硫的方法有甲醛缓冲溶液吸收-盐酸副玫瑰苯胺分光光度法(简称甲醛法)、四氯汞钾溶液吸收-盐酸副玫瑰苯胺分光光度法（简称四氯汞钾法）、钍试剂分光光度法及定电位电解法。定电位电解法主要用于连续监测，四氯汞钾法使用了毒性较大的含汞吸收液，因此，目前多采用甲醛法测定空气中二氧化硫，且经国内 23 个实验室验证，甲醛法与四氯汞钾法的精密度、准确度、选择性和检出限相近。

1. 分光光度法

（1）甲醛吸收-副玫瑰苯胺分光光度法

用甲醛吸收-副玫瑰苯胺分光光度法测定 $SO_2$，避免了使用毒性大的四氯汞钾吸收液，在灵敏度、准确度方面均可与使用四氯汞钾吸收液的方法相媲美，且样品采集后相对稳定，但操作条件要求较严格。

① 原理：空气中的 $SO_2$ 被甲醛缓冲溶液吸收后，生成稳定的羟基甲基磺酸加成化合物，加入氢氧化钠溶液使加成化合物分解，释放出 $SO_2$ 与盐酸副玫瑰苯胺（pararosaniline，PRA）反应，生成紫红色络合物，其最大吸收波长为 577nm，采用分光光度法在该波长处测

定吸光度。

其反应式如下：

$$CH_2O+SO_2+H_2O \longrightarrow CH_4O_4S$$

$$CH_4O_4S+NaOH \longrightarrow 释放出 SO_2$$

$$SO_2+PRA+CH_2O \longrightarrow 紫红色化合物$$

② 测定要点：对于短时间采集的样品，将吸收管中的样品溶液移入 10mL 比色管中，用少量甲醛缓冲溶液洗涤吸收管，洗液并入比色管中并稀释至标线。加入 0.5mL 氨基磺酸钠溶液，混匀，放置 10min 以除去氮氧化物的干扰。测定空气中二氧化硫的检出限为 0.007mg/m³，测定下限为 0.028mg/m³，测定上限为 0.667mg/m³。对于连续 24h 采集的样品，将吸收瓶中样品移入 50mL 容量瓶中，用少量甲醛缓冲溶液洗涤吸收瓶后再倒入容量瓶中并稀释至标线。吸取适当体积的样品于 10mL 比色管中，再用甲醛缓冲溶液稀释至标线，加入 0.5mL 氨基磺酸钠溶液，混匀，放置 10min 以除去氮氧化物的干扰。测定空气中二氧化硫的检出限为 0.004mg/m³，测定下限为 0.014mg/m³，测定上限为 0.347mg/m³。

用分光光度计测定由亚硫酸钠标准溶液配制的标准色列、试剂空白溶液和样品溶液的吸光度，以标准色列二氧化硫的质量浓度为横坐标，相应吸光度为纵坐标绘制标准曲线，并计算出斜率和截距，按下式计算空气中二氧化硫质量浓度：

$$\rho = \frac{(A-A_0-a)}{b \times V_s} \times \frac{V_t}{V_a} \tag{7-1}$$

式中　$\rho$——空气中二氧化硫的质量浓度，mg/m³；

　　　$A$——样品溶液的吸光度；

　　　$A_0$——试剂空白溶液的吸光度；

　　　$b$——标准曲线的斜率，μg⁻¹；

　　　$a$——标准曲线的截距（一般要求小于 0.005）；

　　　$V_t$——样品溶液的总体积，mL；

　　　$V_a$——测定时所取样品溶液的体积，mL；

　　　$V_s$——换算成标准状况（101.325kPa，273K）时的采样体积，mL。

需要注意的是，在测定过程中，主要干扰物为氮氧化物、臭氧和某些重金属元素。可利用氨基磺酸钠来消除氮氧化物的干扰；样品放置段时间后臭氧可自行分解；利用磷酸及环己二胺四乙酸钠盐来消除或减少某些金属离子的干扰，当样品溶液中的 $Mn^{2+}$ 质量浓度达到 1μg/mL 时，会对样品的吸光度产生干扰。

本实验选用甲醛缓冲溶液吸收-盐酸副玫瑰苯胺分光光度法测定环境空气中的二氧化硫浓度。

(2) 四氯汞钾吸收-副玫瑰苯胺分光光度法

空气中的 $SO_2$ 被四氯汞钾溶液吸收后，生成稳定的二氯亚硫酸盐络合物，该络合物再与甲醛及盐酸副玫瑰苯胺作用，生成紫红色络合物，在 575nm 处测量吸光度。当使用 5mL 吸收液，采样体积为 30L 时，测定空气中二氧化硫的检出限为 0.005mg/m²，测定下限为 0.020mg/m³，测定上限为 0.18 mg/m³。当使用 50mL 吸收液，采样体积为 288L 时，测定空气中二氧化硫的检出限为 0.005mg/m³，测定下限为 0.020mg/m³，测定上限为 0.19 mg/m³。该方法具有灵敏度高、选择性好等优点，但吸收液毒性较大。

（3）钍试剂分光光度法

该方法也是国际标准化组织（ISO）推荐的测定 $SO_2$ 的标准方法。它所用吸收液无毒，采集样品后稳定，但灵敏度较低，所需气样体积大，适合于测定 $SO_2$ 日平均浓度。

方法测定原理基于：空气中 $SO_2$ 用过氧化氢溶液吸收并氧化成硫酸。硫酸根离子与定量加入的过量高氯酸钡反应，生成硫酸钡沉淀，剩余钡离子与钍试剂作用生成紫红色的钍试剂-钡络合物，据其颜色深浅，间接进行定量测定。有色络合物最大吸收波长为 520nm。当用 50mL 吸收液采气 $2m^3$ 时，最低检出质量浓度为 $0.01mg/m^3$。

2. 定电位电解法

（1）原理

定电位电解法是一种建立在电解基础上的监测方法，其传感器为由工作电极、对电极、参比电极及电解液组成的电解池（三电极传感器），如图 7-1 所示。

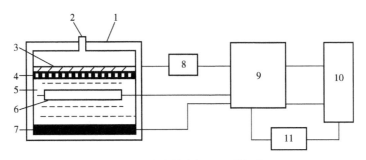

**图7-1 定电位电解 $SO_2$ 分析仪**

1—定电位电解传感器；2—进气口；3—透气憎水膜；4—工作电极；5—电解液；6—参比电极；7—对电极；

8—恒电位源；9—信号处理系统；10—显示、记录系统；11—稳压电源

当在工作电极上施加一个大于被测物质氧化还原电位的电压时，则被测物质在电极上发生氧化还原反应，如 $SO_2$、$NO_2$、$NO$ 的标准氧化还原电位如下：

$$SO_2 + 2H_2O \Longrightarrow SO_4^{2-} + 4H^+ + 2e^- - 0.17V$$

$$NO_2 + H_2O \Longrightarrow NO_3^- + 2H^+ + e^- - 0.80V$$

$$NO + 2H_2O \Longrightarrow NO_3^- + 4H^+ + 3e^- - 0.96V$$

可见，当工作电极电位介于 $SO_2$ 和 $NO_2$ 标准氧化还原电位之间时，则扩散到电极表面的 $SO_2$ 选择性地发生氧化反应，同时在对电极上发生 $O_2$ 的还原反应：

$$O_2 + 4H^+ + 4e^- \Longrightarrow 2H_2O$$

总反应为：

$$2SO_2 + O_2 + 2H_2O \Longrightarrow 2H_2SO_4$$

工作电极是由具有催化活性的高纯度金属（如铂）粉末涂覆在透气憎水膜上制成的。当气样中的 $SO_2$ 通过透气憎水膜进入电解液中后，在工作电极上迅速发生氧化反应，所产生的极限扩散电流与 $SO_2$ 浓度的关系服从菲克扩散定律：

$$I_1 = \frac{nFADc}{\delta} \tag{7-2}$$

式中　$I_1$——极限扩散电流；

　　　$n$——被测物质转移电子数，$SO_2$的转移电子数为2；

　　　$F$——法拉第常数，96500C/mol；

　　　$A$——透气憎水膜面积，$cm^2$；

　　　$D$——气体扩散系数，$cm^2/s$；

　　　$\delta$——透气憎水膜厚度，cm；

　　　$c$——被测气体浓度，mol/mL。

在一定的工作条件下，$n$、$F$、$A$、$D$、$\delta$均为常数，电化学反应产生的极限扩散电流$I_1$与被测$SO_2$的浓度$c$成正比。

（2）定电位电解$SO_2$分析仪

定电位电解$SO_2$分析仪由定电位电解传感器、恒电位源、信号处理及显示与记录系统组成，见图7-2。

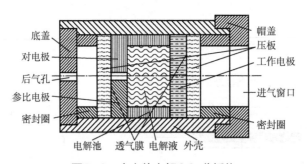

图7-2　定电位电解$SO_2$分析仪

定电位电解传感器将被测气体中$SO_2$，浓度信号转换成电流信号，经信号处理系统进行电流/电压转换、放大等处理后，送入显示、记录系统指示测定结果。恒电位源和参比电极是为了向工作电极提供稳定的电极电位，这是保证被测物质仅在工作电极上发生电化学反应的关键因素。为消除干扰因素的影响，还可以采取在定电位电解传感器上安装适宜的过滤器等措施。用该仪器测定时，也要先用零气和$SO_2$标准气分别调零和进行量程校正。

这类仪器有携带式和在线连续测定式，后者安装了自控系统和微型计算机，定期调零、校正、清洗、显示、打印等可自动进行。

## 三、实验仪器与试剂

1. 实验仪器

分析天平、可见光分光光度计、恒温水浴锅、空气采样器（图7-3）、U型多孔玻板吸收管（图7-4）、10mL的具塞比色管，以及一般实验室常用仪器。

2. 实验试剂

（1）1.5mol/L氢氧化钠（NaOH）溶液：称取6.0g NaOH，溶于100mL水中。

（2）0.05mol/L环己二胺四乙酸二钠（简称CDTA-2Na）溶液：称取1.82g反式1,2-环己二胺四乙酸二钠，加入1.5mol/L氢氧化钠溶液6.5mL，用水稀释至100mL。

图7-3 空气采样器

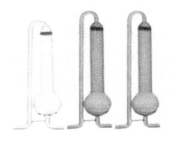

图7-4 U型多孔玻板吸收管

（3）甲醛缓冲吸收贮备液：吸取 36%～38% 的甲醛溶液 5.5mL、0.05mol/L CDTA-2Na 溶液 20.00mL；称取 2.04g 邻苯二甲酸氢钾，溶于少量水中；将三种溶液合并，再用水稀释至 100mL 贮存于冰箱可保存 1 年。

（4）甲醛缓冲吸收液：用水将甲醛缓冲吸收贮备液稀释 100 倍，现用现配。

（5）6.0g/L 氨磺酸钠（$NaH_2NSO_3$）溶液：称取 0.60g 氨磺酸[$H_2NSO_3H$]置于 100mL 烧杯中，加入 4.0mL 1.5mol/L 氢氧化钠溶液，用水搅拌至完全溶解后稀释至 100mL，摇匀。此溶液密封可保存 10d。

（6）0.10mol/L 碘贮备液：称取 12.7g 碘（$I_2$）于烧杯中，加入 40g 碘化钾和 25mL 水，搅拌至完全溶解，用水稀释至 1000mL，储存于棕色细口瓶中。

（7）0.05mol/L 碘溶液：量取碘贮备液 250mL，用水稀释至 500mL，储存于棕色细口瓶中。

（8）5.0g/L 淀粉溶液：称取 0.5g 可溶性淀粉于 150mL 烧杯中，用少量水调成糊状，慢慢倒入 100mL 沸水，继续煮沸至溶液澄清，冷却后储存于试剂瓶中。现用现配。

（9）0.1000mol/L 碘酸钾（1/6KIO$_3$）标准溶液：准确称取 3.5667g 碘酸钾（$KIO_3$，优级纯，经 110℃ 干燥 2h）溶于水，移入 1000mL 容量瓶中，用水稀释至标线，摇匀。

（10）1.2mol/L 盐酸（HCl）溶液：量取 100mL 浓盐酸，用水稀释至 1000mL。

（11）0.10mol/L 硫代硫酸钠（$Na_2S_2O_3$）标准贮备液：称取 25.0g 硫代硫酸钠（$NaS_2O_2 \cdot H_2O$），溶于 1000mL 新煮沸且已冷却的水中，加入 0.2g 无水碳酸钠，储存于棕色细口瓶中放置一周后备用。若溶液呈现混浊必须过滤后再使用。

（12）0.05mol/L 硫代硫酸钠标准溶液：取 250mL 硫代硫酸钠贮备液置于 500mL 容量瓶中，用新煮沸但已冷却的水稀释至标线，摇匀。

标定方法：吸取三份 10.00mL 碘酸钾标准溶液分别置于 250mL 碘量瓶中，加 70mL 新煮沸且已冷却的水，加 1g 碘化钾，振摇至完全溶解后，加 10mL 1.2mol/L 盐酸溶液，立即盖好瓶塞，摇匀。于暗处放置 5min 后，用 0.05mol/L 硫代硫酸钠标准溶液滴定溶液至浅黄色，加 2mL 5.0g 淀粉溶液，继续滴定至蓝色刚好褪去即为终点。硫代硫酸钠标准溶液的摩尔浓度按式（7-3）计算：

$$c_1 = \frac{0.1000 \times 10.00}{V} \tag{7-3}$$

式中 $c_1$——硫代硫酸钠标准溶液的摩尔浓度，mol/L；

0.1000——碘酸钾（1/6KIO$_3$）标准溶液的摩尔浓度，mol/L；

10.00——碘酸钾标准溶液的体积，mL；

$V$——滴定所耗硫代硫酸钠标准溶液的体积，mL。

（13）0.50g/L 乙二胺四乙酸二钠盐（EDTA-2Na）溶液：称取 0.25g 乙二胺四乙酸二钠盐溶于 500mL 新煮沸且已冷却的水中。现用现配。

（14）亚硫酸钠（$Na_2SO_3$）溶液：称取 0.200g 亚硫酸钠，溶于 200mL 0.50g/L EDTA-2Na 溶液（使用新煮沸且已冷却的水配制）中，缓慢摇匀以防充氧，使其溶解。放置 2～3h 后标定。此溶液每毫升相当于含有 320～400g 二氧化硫。

标定方法：吸取三份 20.00mL 亚硫酸钠溶液分别置于 250mL 碘量瓶中，加入 50mL 新煮沸且已冷却的水、20.00mL 0.05mol/L 碘溶液及 1.0mL 冰醋酸，盖塞，提匀。于暗处放置 5min 后，用硫代硫酸钠标准溶液滴定溶液至浅黄色，加入 2mL 淀粉溶液，继续滴定至溶液蓝色刚好褪去，记录滴定硫代硫酸钠标准溶液的体积 $V$（mL）。

另吸取三份 0.50g/L EDTA-2Na 溶液 20mL 用同法进行空白实验。记录滴定硫代硫酸钠标准溶液的体积 $V_0$（mL）。

平行样滴定所耗硫代硫酸钠标准溶液体积之差应大于 0.04mL，取其平均值。二氧化硫标准溶液浓度按式（7-4）计算：

$$c = \frac{(V_0 - V) \times c_{NaS_2O_3} \times 32.02}{20.00} \times 1000 \qquad (7\text{-}4)$$

式中　$c$——二氧化硫标准溶液的质量浓度，g/mL；

$V_0$——空白滴定所用硫代硫酸钠标准溶液的体积，mL；

$V$——样品滴定所用硫代硫酸钠标准溶液的体积，mL；

$c_{NaS_2O_3}$——硫代硫酸钠标准溶液的浓度，mol/L；

20.00——EDTA-2Na 溶液的体积，mL；

32.02——二氧化硫（$1/2SO_2$）的摩尔质量，g/mol；

1000——单位换算系数。

标定出准确浓度后，立即用甲醛缓冲吸收液稀释为 10.00 μg/mL 二氧化硫的标准溶液贮备液。临用时再用甲醛缓冲吸收液稀释为 1.00 μg/mL 二氧化硫标准溶液。在冰箱中 5℃ 保存。10.0 μg/mL 的二氧化硫的标准溶液贮备液可稳定 6 个月；1.00g/mL 的二氧化硫的标准溶液可稳定 1 个月。

（15）0.50g/L 盐酸副玫瑰苯胺溶液：吸取 25.00mL 经过提纯的 2.0g/L 的 PRA 贮备液于 100mL 容量瓶中，加 30mL 85% 的浓磷酸、12mL 浓盐酸，用水稀释至标线，摇匀，放置过夜后使用。避光密封保存。

（16）盐酸-乙醇清洗液：由三份（1+4）盐酸和一份 95% 乙醇混合配制而成，用于清洗比色管和比色皿。

说明：本实验所用试剂除非另有说明，分析时均使用符合国家标准的分析纯试剂，实验用水为新制备的蒸馏水或同等纯度的水。

## 四、实验步骤

### 1. 样品采集

（1）短时间采样：采用内装 5mL 或 10mL 甲醛缓冲吸收液的 U 型多孔玻板吸收管，以 0.5L/min 的流量采气 45～60min。采样时吸收液温度应保持在 23～29℃ 范围内。

（2）24h 连续采样：用内装 50mL 吸收液的多孔玻板吸收瓶，以 0.2～0.3L/min 的流量连续采样 24h。

（3）现场空白：将装有吸收液的采样管带到采样现场，除了不采气之外，其他环境条件与样品相同。

注：样品采集、运输和储存过程中应避免阳光直射；放置于室内的 24h 连续采样器，进气口应连接符合要求的空气质量集中采样管路系统，以减少二氧化硫进入吸收瓶前的损失。当气温高于 30℃时，采集的样品当天若不测定可将样品溶液存入冰箱。

2. 标准曲线的绘制

取 14 支 10mL 具塞比色管，分 A、B 两组，每组 7 支，分别对应编号。A 组按表 7-5 配制标准系列。

表 7-5　二氧化硫标准系列

| 管号 | 二氧化硫标准溶液/mL | 甲醛缓冲吸收液/mL | 二氧化硫含量/μg |
|---|---|---|---|
| 0 | 0 | 10.00 | 0 |
| 1 | 0.50 | 9.50 | 0.50 |
| 2 | 1.00 | 9.00 | 1.00 |
| 3 | 2.00 | 8.00 | 2.00 |
| 4 | 5.00 | 5.00 | 5.00 |
| 5 | 8.00 | 2.00 | 8.00 |
| 6 | 10.00 | 0 | 10.00 |

在 A 组各管中分别加入 0.5mL 氨磺酸钠溶液和 0.5mL 1.5mol/L 氢氧化钠溶液，混匀。在 B 组各管中分别加入 1.00mL 的 PRA 溶液。将 A 组各管的溶液迅速地全部倒入对应编号并盛有 PRA 溶液的 B 管中，立即加塞混匀后放入恒温水浴装置中显色。显色温度与室温之差不应超过 3℃，根据季节和环境条件按表 7-6 选择合适的显色温度与显色时间。

表 7-6　显色温度与显色时间

| 显色温度/℃ | 显色时间/min | 稳定时间/min | 试剂空白吸光度 $A_0$ |
|---|---|---|---|
| 10 | 40 | 35 | 0.03 |
| 15 | 25 | 25 | 0.035 |
| 20 | 20 | 20 | 0.04 |
| 25 | 15 | 15 | 0.05 |
| 30 | 5 | 10 | 0.06 |

在波长 577nm 处，采用 10mm 比色皿，以水为参比测量吸光度。以空白校正后各管的吸光度为纵坐标，以二氧化硫含量（μg）为横坐标，用最小二乘法建立标准曲线的回归方程：

$$y = bx + a \tag{7-5}$$

式中　$y$——校准溶液吸光度 $A$ 与试剂空白吸光度 $A_0$ 之差，即 $y = A - A_0$；

　　　　$x$——二氧化硫含量，$\mu g$；

　　　　$b$——回归方程的斜率，其倒数为校正因子 $B_s$；

　　　　$a$——回归方程的截距，一般要求小于 0.005。

3. 样品测定

(1) 样品溶液中若有浑浊物，则应离心分离除去。

(2) 样品采集后需放置 20min，使得样品中的臭氧分解。

(3) 短时间采集的样品：将吸收管中的样品溶液移入 10mL 比色管中，用少量甲醛吸收液洗涤吸收管，并稀释至标线。加入 0.5mL 氨磺酸钠溶液，混匀，放置 10min 以除去氮氧化物的干扰。以下步骤同标准曲线的绘制。

(4) 连续 24h 采集的样品：将吸收瓶中样品溶液移入 50mL 容量瓶（或比色管）中，用少量甲醛吸收液洗涤吸收瓶，并稀释至标线。吸取适当体积的试样（视浓度高低而决定取 2~10mL）于 10mL 比色管中，再用甲醛吸收液稀释至标线，加入 0.5mL 氨磺酸钠溶液，混匀，放置 10min 以除去氮氧化物的干扰，以下步骤同标准曲线的绘制。

空气中二氧化硫的浓度按式 (7-6) 计算：

$$\rho = \frac{(A - A_0) \times B_s}{V_s} \times \frac{V_t}{V_a} \tag{7-6}$$

式中　$A$——样品溶液的吸光度；

　　　　$A_0$——试剂空白溶液的吸光度；

　　　　$B_s$——校正因子（$1/b$）；

　　　　$V_t$——样品溶液总体积，mL；

　　　　$V_a$——测定时索取样品溶液体积，mL；

　　　　$V_s$——换算成标准状态下（$0℃$，101.325kPa）的采样体积，mL；

　　　　$\rho$——$SO_2$ 的浓度，$mg/m^3$。

## 五、注意事项

1. 采样时吸收液的温度在 23~29℃时，吸收效率为 100%；10~15℃时，吸收效率为 95%；高于 33℃或低于 9℃时，吸收效率为 90%。

2. 如果样品溶液的吸光度超过标准曲线的上限，可用试剂空白液稀释，在数分钟内再测定吸光度，但稀释倍数不要大于 6。

3. 用过的比色管和比色皿应及时用酸洗涤，否则红色难于洗净。具塞比色管用 (1+1) 盐酸溶液洗涤，比色皿用 (1+4) 盐酸加 1/3 乙醇的混合液浸洗。

4. 显色温度低，显色慢，稳定时间长；显色温度高，显色快，稳定时间短。操作人员必须了解显色温度、显色时间和稳定时间的关系，严格控制反应条件。

5. 测定样品时的温度与绘制标准曲线时的温度之差不应超过 2℃。

6. 在给定条件下校准曲线斜率应为 0.042±0.004，试剂空白吸光度 $A_0$ 在显色规定条件下波动范围不超过 ±15%。

7. 六价铬能使紫红色络合物褪色，使测定结果偏低，故应避免用硫酸-铬酸。

## 六、数据处理

将实验数据及处理结果记录至表 7-7。

表 7-7　二氧化硫标准曲线回归结果

| 参数 | 管　号 | | | | | | |
|---|---|---|---|---|---|---|---|
| | 0 | 1 | 2 | 3 | 4 | 5 | 6 |
| 二氧化硫标准溶液/mL | 0 | 0.50 | 1.00 | 2.00 | 5.00 | 8.00 | 10.00 |
| 甲醛缓冲吸收液/mL | 10.00 | 9.50 | 9.00 | 8.00 | 5.00 | 2.00 | 0 |
| 二氧化硫含量/μg | 0 | 0.50 | 1.00 | 2.00 | 5.00 | 8.00 | 10.00 |
| 回归方程 | | | | | | | |
| 相关系数 $r$ | | | | | | | |
| 校正因子 $B_s$ | | | | | | | |

## 七、思考题

1. 实验过程中存在哪些干扰？应该如何消除？
2. 多孔玻板吸收管的作用是什么？

## 实验25 ▶▶
# 有机废气中氮氧化物的测定

## 一、实验目的

1. 掌握气体中 $NO_x$ 的采样方法。
2. 掌握 Saltzman 法测定空气中 $NO_x$ 的原理与方法。
3. 熟悉相关 $NO_x$ 检测仪器的使用方法。

## 二、实验原理

空气中的氮氧化物以 $NO$、$NO_2$、$N_2O_3$、$N_2O_4$、$N_2O_5$ 多种形态存在，其中 $NO$ 和 $NO_2$ 是主要存在形态，为通常所指的氮氧化物（$NO_x$）。它们主要来源于化石燃料高温燃烧和硝酸、化肥等生产工业排放的废气，以及汽车尾气。

$NO$ 为无色、无臭、微溶于水的气体，在空气中易被氧化成 $NO_2$。$NO_2$ 为棕红色具有强烈刺激性气味的气体，毒性比 $NO$ 高 4 倍，是引起支气管炎、肺损伤等疾病的有害物质。对于空气中 $NO_2$ 常用的测定方法有盐酸萘乙二胺分光光度法、酸性高锰酸钾溶液氧化法和原电池库仑滴定法。

1. 盐酸萘乙二胺分光光度法

该方法采样与显色同时进行，操作简便，灵敏度高，是国内外普遍采用的方法。因为测定 $NO_x$ 或单独测定 NO 时，需要将 NO 氧化成 $NO_2$，主要采用酸性高锰酸钾溶液氧化法。当吸收液体积为 10mL、采样 4～24L 时，NO（以 $NO_2$ 计）的最低检出质量浓度为 0.005mg/m$^3$。

用无水乙酸、对氨基苯磺酸和盐酸萘乙二胺配成吸收液采样，空气中的 $NO_2$ 被吸收转变成亚硝酸和硝酸。在无水乙酸存在的条件下，亚硝酸与对氨基苯磺酸发生重氮化反应，然后再与盐酸萘乙二胺偶合，生成玫瑰红色偶氮染料，其颜色深浅与气样中 $NO_2$ 浓度成正比，因此，可用分光光度法于波长 540～545nm 处测定。吸收及显色反应如下：

$$2NO_2 + H_2O \Longrightarrow HNO_2 + HNO_3$$

由反应式可见，吸收液吸收空气中的 $NO_2$ 后，并不是全部地生成亚硝酸，还有一部分生成硝酸，计算结果时需要用 Saltzman 实验系数 $f$ 进行换算。该系数是用 $NO_2$ 标准混合气进行多次吸收实验测定的平均值，表征在采样过程中被吸收液吸收生成偶氮染料的亚硝酸量与通过采样系统的 $NO_2$ 总量的比值。$f$ 值受空气中 $NO_2$ 的浓度、采样流量、吸收瓶类型、采样效率等因素影响，故测定条件应与实际样品保持一致。

2. 酸性高锰酸钾溶液氧化法

该方法使用空气采样器按图 7-5 所示的流程采集气样。流程中酸性高锰酸钾溶液氧化瓶串联在两只内装显色吸收液的多孔筛板显色吸收液瓶之间，可分别测定 $NO_2$ 和 NO 的浓度。

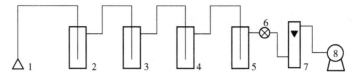

图 7-5　空气中 $NO_2$、NO 和 $NO_x$ 采样流程

1—空气入口；2—显色吸收液瓶；3—酸性高锰酸钾溶液氧化瓶；4—显色吸收液瓶；5—干燥瓶；

6—止水夹；7—流量计；8—抽气泵

如果测定空气中 $NO_x$ 的短时间浓度，使用 10.0mL 吸收液和 5～10mL 酸性高锰酸钾溶液，以 0.4L/min 流量采气 4～24L；如果测定 $NO_x$ 的日平均浓度，使用 25.0mL 或 50.0mL 吸收液和 50mL 酸性高锰酸钾溶液，以 0.2L/min 流量采气 28L。

测定时，首先配制亚硝酸盐标准色列和试剂空白溶液，在波长 540nm 处，以蒸馏水为参比测量吸光度。根据标准色列扣除试剂空白溶液后的吸光度和对应的 $NO_2$ 质量浓度（μg/mL），用最小二乘法计算标准曲线的回归方程。然后，于同一波长处测量样品的吸光度，扣除试剂空白溶液的吸光度后，按以下各式分别计算 $NO_2$、NO 和 $NO_x$ 的质量浓度：

$$\rho(NO_2) = \frac{(A_1 - A_0 - a)V\,D}{bfV_0}$$

$$\rho(NO) = \frac{(A_1 - A_2 - a)V\,D}{bfkV_0}$$

$$\rho(NO_x) = \rho(NO_2) + \rho(NO)$$

式中　$\rho(NO_2)$、$\rho(NO)$、$\rho(NO_x)$——空气中 $NO_2$、NO 和 $NO_x$ 的质量浓度（以 $NO_2$ 计），mg/m$^3$；

$A_1$、$A_2$——第一只和第二只显色吸收液瓶中的吸收液采样后的吸光度;

$A_0$——试剂空白溶液的吸光度;

$b$、$a$——标准曲线的斜率(mL/μg)和截距;

$V$、$V_0$——采样用吸收液体积(mL)和换算为标准状况下的采样体积(L);

$K$——NO 氧化为 $NO_2$ 的氧化系数(0.68),表征被氧化为 $NO_2$ 且被吸收液吸收生成偶氮染料的 NO 量与通过采样系统的 NO 总量之比;

$D$——气样吸收液稀释倍数;

$f$——Saltzman 实验系数(一般取 0.88),当空气中 $NO_2$ 质量浓度高于 0.72 mg/m³ 时为 0.77。

**3. 原电池库仑滴定法**

这种方法与常规库仑滴定法的不同之处是库仑滴定池不施加直流电压,而依据原电池原理工作,如图 7-6 所示。

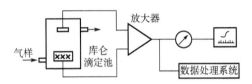

**图7-6 原电池库仑滴定法测定$NO_x$原理**

库仑滴定池中有两个电极,一是活性炭阳极,二是铂网阴极,池内充 0.1mol/L 磷酸盐缓冲溶液(pH=7)和 0.3mol/L 碘化钾溶液。当进入库仑滴定池的气样中含有 $NO_2$ 时,则与电解液中的 $I^-$ 反应,将其氧化成 $I_2$,而生成的 $I_2$ 又立即在铂网阴极上还原为 $I^-$,便产生微电流。如果微电流效率达 100%,则在一定条件下,微电流大小与气样中的 $NO_2$ 浓度成正比,故可根据法拉第电解定律将产生的微电流换算成 $NO_2$ 的浓度,直接进行显示和记录。测定总氮氧化物时,需先让气样通过三氧化铬-石英砂氧化管,将 NO 氧化成 $NO_2$。

该方法的缺点是 $NO_2$ 在水溶液中还发生副反应,造成微电流损失 20%～30%,使测得的微电流仅为理论值的 70%～80%。此外,这种仪器连续运行能力较差,维护工作量也较大。

本实验选择用盐酸萘乙二胺分光光度法测定空气中的二氧化氮。需要注意的是:

① 当空气中 $SO_2$ 质量浓度为 $NO_x$ 质量浓度的 30 倍时,会使 $NO_2$ 的测定结果偏低。

② 当空气中含有过氧乙酰硝酸酯(PAN)时,会使 $NO_2$ 的测定结果偏高。

③ 当空气中臭氧质量浓度超过 0.25mg/m³ 时,会使 $NO_2$ 的测定结果偏低。采样时在入口端串联长 15～20cm 的硅胶管,可排除干扰。

## 三、实验仪器与试剂

**1. 实验仪器**

分析天平、可见光分光光度计、恒温水浴锅、便携式空气采样器、多孔玻板吸收管、

10mL 具塞比色管，以及一般实验室常用仪器。

2. 实验试剂

所用试剂除亚硝酸钠为优级纯（一级）外，其他均为分析纯。所用水为不含亚硝酸根的二次蒸馏水，用其配制的吸收液以水为参比的吸光度不超过 0.005（540nm，10mm 比色皿）。

① N-(1-萘基)乙二胺盐酸盐贮备液：称取 0.50g N-(1-萘基)乙二胺盐酸盐[$C_{10}H_7NH(CH_2)_2NH_2 \cdot 2HCl$]于 500mL 容量瓶中，用水稀释至刻度。此溶液储于密闭棕色瓶中冷藏，可稳定三个月。

② 显色液：称取 5.0g 对氨基苯磺酸（$NH_2C_6H_4SO_3H$）溶解于约 200mL 40～50℃热水中，冷至室温后转移至 1000mL 容量瓶中，加入 50.0mL 的 N-(1-萘基)乙二胺盐酸盐贮备液和 50mL 冰醋酸，用水稀释至标线。此溶液储存于密闭的棕色瓶中，25℃ 以下暗处存放可稳定三个月。若呈现淡红色，应弃之重配。

③ 吸收液：使用时将显色液和水按 4:1（体积比）比例混合而成。

④ 亚硝酸钠标准贮备液：称取 0.3750g 优级纯亚硝酸钠（$NaNO_2$）（预先在干燥器内放置 24h），溶于水，移入 1000mL 容量瓶中，用水稀释至标线。此标液每毫升含 250μg $NO_2^-$，储存于棕色瓶中于暗处存放，可稳定三个月。

⑤ 亚硝酸钠标准使用溶液：吸取亚硝酸钠标准贮备液 1.00mL 于 100mL 容量瓶中，用水稀释至标线。此溶液每毫升含 2.5μg $NO_2^-$，需在临用前配制。

## 四、实验步骤

1. 标准曲线的绘制

取 6 支 10mL 具塞比色管，按 7-8 中的参数和方法配制 $NO_2^-$ 标准溶液色列。

表 7-8　$NO_2^-$ 标准溶液色列

| 参数 | 管 号 | | | | | |
|---|---|---|---|---|---|---|
| | 0 | 1 | 2 | 3 | 4 | 5 |
| 标准使用液/mL | 0 | 0.40 | 0.80 | 1.20 | 1.60 | 2.00 |
| 水/mL | 2.00 | 1.60 | 1.20 | 0.80 | 0.40 | 0 |
| 显色液/mL | 8.00 | 8.00 | 8.00 | 8.00 | 8.00 | 8.00 |
| $NO_2^-$ 浓度/（μg/mL） | 0 | 0.20 | 0.20 | 0.30 | 0.40 | 0.50 |

将各管溶液混匀，于暗处放置 20min（室温低于 20℃时放置 40min 以上），用 10mm 比色皿于波长 540nm 处以水为参比测量吸光度，扣除试剂空白溶液吸光度后，用最小二乘法计算标准曲线的回归方程 $y=bx+a$（$y$ 为吸光度，$x$ 为 $NO_2^-$ 浓度）。

2. 采样

吸取 10.0mL 吸收液于多孔玻板吸收管中，标记吸收液液面位置，将其球泡端连接空气采样器，以 0.4L/min 流量采气 4～24L。在采样的同时，应记录现场温度和大气压力，同时将数据记录于表 7-9 中。

3. 样品测定

采样后于暗处放置 20min（室温低于 20℃时放置 40min 以上）后，用水将吸收管中吸收液的体积补充至标线，混匀，按照绘制标准曲线的方法和条件测量试剂空白溶液和样品溶液的吸光度。

如果样品的吸光度超过标准曲线的上限，应用空白实验溶液稀释，再测量其吸光度。

## 五、注意事项

1. 采样、样品运输过程及存放过程中应避免阳光照射。

2. 气温超过 25℃时，长时间运输和存放样品应采取降温措施。采样后的样品，30℃暗处存放可稳定 8h；20℃暗处存放可稳定 24h；0～4℃冷藏至少可稳定 3d。

3. 空气中臭氧浓度超过 25mg/m³ 时，使吸收液略显红色，对二氧化氮的测定产生负干扰。采样时在吸收瓶入口端串接一段 15～20cm 长的硅胶管，即可排除干扰。

4. 方法检出限为 0.12μg/10mL，当吸收液体积为 10mL、采样体积为 24L 时，二氧化氮的最低检出浓度为 0.005mg/m³。

## 六、数据处理

表 7-9　现场采样记录表

| 样　号 | 采样地点 | 温度/压力 | 采样流量/（L/min） | 采样时间 |
| --- | --- | --- | --- | --- |
| 1 | | | | |
| 2 | | | | |
| 3 | | | | |

将测得的样品及空白吸收液的吸光度按式（7-7）计算空气中 $NO_2$ 的浓度，并将结果填入表 7-10。

$$c_{NO_2} = \frac{(A - A_0 - a) \times V \times D}{b \times f \times V_0} \tag{7-7}$$

式中　$c_{NO_2}$——空气中 $NO_2$ 的浓度，$mg/m^3$；

　　$A$、$A_0$——样品溶液和试剂空白溶液的吸光度；

　　$b$、$a$——标准曲线的斜率［吸光度（mL/μg）］和截距；

　　　$V$——采样用吸收液体积，mL；

　　　$V_0$——换算为标准状态（273K，101.3kPa）下的采样体积，L；

　　　$D$——样品的稀释倍数；

　　　$f$——Saltzman 实验系数，一般取 0.88（空气中 $NO_2$ 浓度高于 0.720mg/m³ 时取 0.77）。

表 7-10　样品分析数据记录表

| 样号 | 样品吸光度 | 采光体积/L | 标准态气样体积/L | 空气中 $NO_2$ 的浓度/（mg/m³） |
| --- | --- | --- | --- | --- |
| 1 | | | | |

| 样号 | 样品吸光度 | 采光体积/L | 标准态气样体积/L | 空气中 $NO_2$ 的浓度/ ( $mg/m^3$ ) |
|---|---|---|---|---|
| 2 | | | | |
| 3 | | | | |

## 七、思考题

1. 测量氮氧化物的方法有哪些，优缺点各是什么?
2. 吸收液为什么要避光保存或使用，且不能长时间暴露在空气中?

## 实验26 ▶▶
# 有机废气中总烃及非甲烷烃的测定

## 一、实验目的

1. 掌握气体中总烃及非甲烷烃含量的测定方法。
2. 熟悉总烃及非甲烷烃检测相关仪器的使用方法。

## 二、实验原理

污染环境空气的烃类一般指具有挥发性的碳氢化合物（$C_1$～$C_8$），主要来自石油炼制、焦化、化工等生产过程中逸散和排放的废气及汽车尾气，局部地区也来自天然气、油田气的逸散。

空气中的烃类常用两种方法表示：一种是包括甲烷在内的碳氢化合物，称为总烃（THC）；另一种是除甲烷以外的碳氢化合物，称为非甲烷烃（NMHC）。空气中的烃类主要是甲烷，其质量浓度范围为 1.5～6$mg/m^3$。但当空气严重污染时，甲烷以外的烃类大量增加。甲烷不参与光化学反应，因此，测定非甲烷烃对判断和评价空气污染具有实际意义。

测定总烃和非甲烷烃的主要方法有气相色谱法、光电离检测法等。

1. 气相色谱法

气相色谱法测定总烃和非甲烷烃的原理是以火焰离子化检测器分别测定气样中的总烃和甲烷含量，两者之差即为非甲烷烃含量。同时以除烃空气代替样品，测定氧在总烃柱上的响应值，以扣除样品中的氧对总烃测定的干扰。

以氮气为载气测定总烃时，总烃峰包括氧峰，即空气中的氧产生的正干扰。可采用两种方法消除：一种方法是用除烃后的空气测定空白值，从总烃中扣除；另一种方法是用除烃后的空气作载气，在以氮气为稀释气的标准气中加一定体积的纯氧，使配制的标准气中氧含量与空气样品相近，则氧的干扰可相互抵消。

以氮气为载气的气相色谱法测定总烃和非甲烷烃的流程如图 7-7 所示。气相色谱仪中并联了两根色谱柱：一根是不锈钢螺旋空柱，用于测定总烃；另一根是填充 GDX-502 的不锈钢柱，用于测定甲烷。

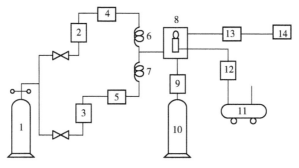

**图7-7 气相色谱法测定总烃和非甲烷烃的流程**

1—氮气钢瓶；2、3、9、12—净化器；4、5—六通阀；6—填充 GDX-502 担体的不锈钢柱；7—不锈钢螺旋空柱；

8—火焰离子检测器；10—氢气钢瓶；11—空气压缩机；13—放大器；14—记录仪

在选定色谱条件下，将空气样品、甲烷标准气及除烃净化空气依次经定量管和六通阀注入，通过气相色谱仪的空柱到达检测器，可分别得到三种气样的色谱峰。设空气样品总烃峰高（包括氧峰）为 $h_t$，甲烷标准气峰高为 $h_s$，除烃净化空气峰高为 $h_a$。

在相同色谱条件下，将空气样品、甲烷标准气通过定量管和六通阀分别注入仪器，经 GDX-502 填充柱分离到达检测器，可依次得到空气样品中甲烷的峰高 $(h_m)$ 和甲烷标准气中甲烷的峰高 $(h'_s)$。可分别按式（7-8）、式（7-9）和式（7-10）计算总烃、甲烷和非甲烷烃的质量浓度：

$$\rho(总烃)(以甲烷计, mg/m^3) = \frac{h_t - h_a}{h_s} \times \rho_s \tag{7-8}$$

$$\rho(甲烷)(mg/m^3) = \frac{h_m}{h'_s} \times \rho_s \tag{7-9}$$

$$\rho(非甲烷烃) = \rho(总烃) - \rho(甲烷) \tag{7-10}$$

式中 $\rho_s$——甲烷标准气质量浓度，$mg/m^3$。

如果用除烃后的空气作载气，测定流程如图 7-8 所示。带火焰离子化检测器的气相色谱仪内并联两根色谱柱：一根填充玻璃微球，用于测定总烃；另一根填充 GDX-502，用于测定甲烷。

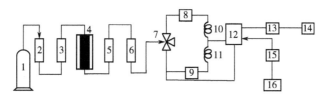

**图7-8 用除烃后的空气作载气的气相色谱测定流程**

1—空气钢瓶；2—硅胶管与5A分子筛管；3—活性炭管；4—高温管式炉；5—硅胶管；6—碱石棉管；

7—三通阀；8、9—六通阀；10—玻璃微球填充柱；11—GDX-502填充柱；12—火焰离子化检测器；

13—放大器；14—记录仪；15—净化器；16—氢气发生器

测定时，先配制氧含量和空气样品相近的甲烷标准气，再以除烃后的空气为稀释气配制甲烷标准气系列。然后，将气样及甲烷标准气分别经定量管和六通阀注入色谱仪的玻璃微球填充柱和 GDX -502 填充柱，从得到的色谱图上测量总烃峰高和甲烷峰高，按下式计算空气样品中总烃和甲烷的质量浓度：

$$\rho(总烃)(以甲烷计, mg/m^3) = \frac{h_t}{h_{s1}}\rho_s$$

$$\rho(甲烷)(mg/m^3) = \frac{h_m}{h_{s2}}\rho_s \tag{7-11}$$

式中　$h_t$——空气样品中总烃的峰高，mm；

　　　$h_m$——空气样品中甲烷的峰高，mm；

　　　$h_{s1}$——甲烷标准气经玻璃微球填充柱后得到的峰高，mm；

　　　$h_{s2}$——甲烷标准气经 GDX-502 填充柱后得到的峰高，mm；

　　　$\rho_s$——甲烷标准气质量浓度，mg/m³。

以上两质量浓度之差即为非甲烷烃质量浓度。

也可以用气相色谱法直接测定空气中的非甲烷烃，其原理是：用填充 GDX-502 和 TDX-01 的吸附采样管采集气样，则非甲烷烃被填充剂吸附，氧不被吸附而除去。采样后，在 240℃加热解吸，用载气（$N_2$）将解吸出来的非甲烷烃带入气相色谱仪的玻璃微球填充柱分离，进入火焰离子化检测器检测。该方法用正戊烷蒸气配制标准气，测定结果以正戊烷计。

2. 光电离检测法

有机化合物分子在紫外线照射下可产生光电离现象，即

$$RH + h\nu \longrightarrow RH^+ + e^-$$

用光离子化检测器（PID）收集产生的离子流，其大小与进入电离室的有机化合物的质量成正比。凡是电离能小于紫外辐射能（至少低 0.3eV）的物质均可被电离测定。光电离检测法通常使用 10.2eV 的紫外线光源，此时氧、氮、二氧化碳、水蒸气等不电离，无干扰，$CH_4$ 的电离能为 12.98eV，也不被电离，而 $C_4$ 以上的烃大部分可电离，这样可直接测定空气中的非甲烷烃。该方法简单，可进行连续监测。但是，所检测的非甲烷烃是指 $C_4$ 以上的烃，而气相色谱法检测的是 $C_2$ 以上的烃。

## 三、实验仪器与试剂

1. 实验仪器

（1）采样容器：全玻璃材质注射器，容积不小于 100mL，清洗干燥后备用；气袋材质符合 HJ 732 的相关规定，容积不小于 1 L，使用前用除烃空气清洗至少 3 次。

（2）真空气体采样箱：由进气管、真空箱、阀门和抽气泵等部分组成，样品经过的管路材质应不与被测组分发生反应。

（3）气相色谱仪：具氢火焰离子化检测器。色谱条件可设置为：

进样口温度：100℃；

柱温：80℃；

检测器温度：200℃；

载气：氮气，填充柱流量 15～25mL/min，毛细管柱流量 8～10mL/min；

燃烧气：氢气，流量约 30mL/min；

助燃气：空气，流量约 300mL/min；

毛细管柱尾吹气：氮气，流量 15~25mL/min，不分流进样；

进样量：1.0mL。

（4）进样器：带 1mL 定量管的进样阀或 1mL 气密玻璃注射器。

（5）色谱柱：①填充柱：甲烷柱，不锈钢或硬质玻璃材质，2m×4mm，内填充粒径 180~250μm（80~60 目）的 GDX-502 或 GDX-104 载体；总烃柱，不锈钢或硬质玻璃材质，2m×4mm，内填充粒径 180~250μm（80~60 目）的硅烷化玻璃微珠。②毛细管柱：甲烷柱，30m×0.53mm×25μm 多孔层开口管分子筛柱或其他等效毛细管柱；总烃柱，30m×0.53mm 脱活毛细管空柱。

（6）一般实验室常用仪器和设备。

2. 实验试剂

（1）除烃空气：总烃（以甲烷计）含量（含氧峰）≤0.40mg/m³；或在甲烷柱上测定，除氧峰外无其他峰。

（2）甲烷标准气体：10.0μmol/mol，平衡气为氮气。也可根据实际工作需要向具资质生产商定制合适浓度标准气体。

（3）氮气：纯度≥99.999%。

（4）氢气：纯度≥99.999%。

（5）空气：用净化管净化。

（6）标准气体稀释气：高纯氮气或除烃氮气，纯度≥99.999%，按样品测定步骤测试，总烃测定结果应低于本标准方法检出限。


## 四、实验步骤

1. 样品采集与保存

采集有机废气。采集时采样容器经现场空气清洗至少 3 次后采样。以玻璃注射器满刻度采集空气样品，用惰性密封头密封；以气袋采集样品的，用真空气体采样箱将空气样品引入气袋，至最大体积的 80%左右，立刻密封。须将注入除烃空气的采样容器带至采样现场，与同批次采集的样品一起送回实验室分析。

2. 标准系列的制备

以 100mL 注射器（预先放入一片硬质聚四氟乙烯小薄片）或 1L 气袋为容器，按 1:1 的体积比，用标准气体稀释气（5.6）将甲烷标准气体（5.2）逐级稀释，配制 5 个浓度梯度的校准系列，该标准系列的浓度分别是 0.625μmol/mol、1.25μmol/mol、2.50μmol/mol、5.00μmol/mol、10.0μmol/mol。校准系列可根据实际情况确定适宜的浓度范围，也可选用动态气体稀释仪配制，或向具资质生产商定制。

3. 绘制标准曲线

由低浓度到高浓度依次抽取 1.0mL 标准系列，注入气相色谱仪，分别测定总烃、甲烷。以总烃和甲烷的浓度（μmol/mol）为横坐标，以其对应的峰面积为纵坐标，分别绘制总烃、甲烷的标准曲线。注意当样品浓度与标准气样浓度相近时可采用单点校准，单点校准气应至少进样 2 次，色谱响应相对偏差应≤10%，计算时采用平均值。

### 4. 样品测定

按照与绘制标准曲线相同的操作步骤和分析条件，测定样品的总烃和甲烷峰面积，总烃峰面积应扣除氧峰面积后参与计算。总烃色谱峰后出现的其他峰，应一并计入总烃峰面积。按照与绘制标准曲线相同的操作步骤和分析条件，测定除烃空气在总烃柱上的氧峰面积。

### 5. 空白试验

空白样品按照与绘制标准曲线相同的操作步骤和分析条件测定。

### 6. 结果分析与计算

对气相检测数据进行分析。样品中总烃、甲烷的质量浓度，按照式（7-12）进行计算：

$$\rho = \varphi \times \frac{16}{22.4} \tag{7-12}$$

式中　$\rho$——样品中总烃或甲烷的质量浓度（以甲烷计），$mg/m^3$；

　　　$\varphi$——从校准曲线或对比单点校准点获得的样品中总烃或甲烷的浓度（总烃计算时应扣除氧峰面积），$\mu mol/mol$；

　　　16——甲烷的摩尔质量，$g/mol$；

　　22.4——标准状态（273.15K，101.325kPa）下气体的摩尔体积，$L/mol$。

样品中非甲烷总烃质量浓度，按照式（7-13）计算。

$$\rho_{NMHC} = (\rho_{THC} - \rho_M) \times \frac{12}{16} \tag{7-13}$$

式中　$\rho_{NMHC}$——样品中非甲烷总烃的质量浓度（以碳计），$mg/m^3$；

　　　$\rho_{THC}$——样品中总烃的质量浓度（以甲烷计），$mg/m^3$；

　　　$\rho_M$——样品中甲烷的质量浓度（以甲烷计），$mg/m^3$；

　　　12——碳的摩尔质量，$g/mol$；

　　　16——甲烷的摩尔质量，$g/mol$。

检测时须注意：非甲烷总烃也可根据需要以甲烷计，并注明；单独检测甲烷时，结果可换算为体积百分数等表达方式。当测定结果小于 $1mg/m^3$ 时，保留至小数点后两位；当测定结果大于等于 $1mg/m^3$ 时，保留三位有效数字。

## 五、注意事项

1. 采样容器使用前应充分洗净，经气密性检查合格，置于密闭采样箱中以避免污染。

2. 采集样品的玻璃注射器应小心轻放，防止破损，保持针头端向下状态放入样品箱内保存和运送。样品常温避光保存，采样后尽快完成分析。玻璃注射器保存的样品，放置时间不超过 8h；气袋保存的样品，放置时间不超过 48h，如仅测定甲烷，应在 7d 内完成。

3. 样品返回实验室时，应平衡至环境温度后再进行测定。

4. 测定复杂样品后，如发现分析系统内有残留时，可通过提高柱温等方式去除。

5. 标准曲线的相关系数应大于等于 0.995。

6. 每批样品应至少分析 10%的实验室内平行样，其测定结果相对偏差应不大于 20%。

7. 每批次分析样品前后，应测定标准曲线范围内的标准气体，结果的相对误差应不大于 10%。

## 六、数据处理

将实验数据记录至表 7-11,并绘制非甲烷烃的浓度-峰面积的标准曲线,并计算相关系数 $R^2$ 值。

表 7-11　总烃及非甲烷烃的测定与记录

| 项目 | 标准曲线 | | | 待测试样 | | |
|---|---|---|---|---|---|---|
| | 1 | 2 | 3 | A | B | C |
| 总烃峰面积 | | | | | | |
| 甲烷峰面积 | | | | | | |
| 非甲烷烃峰面积 | | | | | | |
| 质量浓度/(mg/m³) | | | | | | |

## 七、思考题

1. 测定时为什么要设置空白样?
2. 进样后若没能检测出待测目标化合物,其原因可能有哪些?

## 实验27 ▶▶
## 有机废气中挥发性有机物的测定

### 一、实验目的

1. 熟悉气体中挥发性有机物的气相色谱测定方法。
2. 熟悉挥发性有机物相关检测仪器的使用方法。

### 二、实验原理

挥发性有机物(VOCs)是指在常温下,沸点 50~260℃的各种有机化合物。在我国 VOCs 是指常温下饱和蒸气压大于 70 Pa、常压下沸点在 260℃以下的有机化合物,或在 20℃条件下、蒸气压大于或者等于 10 Pa 且具有挥发性的全部有机化合物。通常分为非甲烷碳氢化合物(NMHC)、含氧有机化合物、卤代烃、含氮有机化合物、含硫有机化合物等几大类。大多数 VOCs 具有令人不适的特殊气味,并具有毒性、刺激性、致畸性和致癌作用,特别是苯、甲苯及甲醛等对人体健康会造成很大的伤害。VOCs 主要来源于煤化工、石油化工、燃料涂料制造、溶剂制造与使用等过程。VOCs 是形成细颗粒物(PM2.5)、臭氧(O₃)等二次污染物的重要前体物,进而引发灰霾、光化学烟雾等大气环境问题。随着我国工业化和城市化的快速发展以及能源消费的持续增长,以 PM2.5 和 O₃ 为特征的区域性复合型大气污染日益突出,区域内空气重污染现象大范围同时出现的频次日益增多,严重制约社会经济的可持续发展,威胁人民群众身体健康。

测定 VOCs 的方法常采用溶剂洗脱或热解吸出的被测组分,用气相色谱法测定。具体来说，用富集采样法采样，选择合适的吸附剂，用吸附管采集一定体积的空气样品，则空气流中的挥发性有机化合物保留在吸附管中。采样后将吸附管加热，以解吸挥发性有机化合物，待测样品随惰性载气进入毛细管气相色谱仪，通过保留时间定性、峰高或峰面积定量测得。常用装有固体吸附剂（活性炭、分子筛、聚氨酯泡沫塑料等）的采样管或采样器采样；以二硫化碳作溶剂配制苯、甲苯、二甲苯和三氯甲烷四组分的系列混合标准溶液，作为VOCs标准溶液。

测定时，首先在气相色谱最佳条件下分别进样测定系列混合标准溶液，并根据各组分峰高或峰面积与对应含量绘制标准曲线；然后按照同样条件和方法测定样品溶液中各组分，根据其峰高或峰面积和标准曲线、采气体积计算空气中VOCs的浓度。图7-9为冷冻吸附采样、热解吸进样、毛细管气相色谱法测定流程。

气相色谱仪采用不同参数的石英毛细管柱，分析挥发性有机物的标准色谱图也不同，如采用60m×0.25mm，膜厚1.4m（6%腈丙苯基、94%二甲基聚硅氧烷固定液）毛细管柱，或其他等效毛细柱时，其标准色谱图见图7-10；如采用30m×0.32mm，膜厚0.25m（聚乙二醇，20mol/L），或其他等效毛细柱时，其标准色谱图见图7-11。

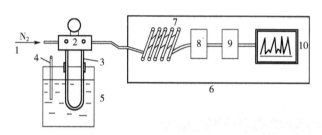

**图7-9 冷冻吸附采样、热解吸进样、毛细管气相色谱法测定流程**

1—载气；2—六通阀；3—U形采样管；4—温度计；5—油浴；6—气相色谱仪；7—毛细管色谱柱；

8—火焰离子化检测器；9—放大器；10—记录仪

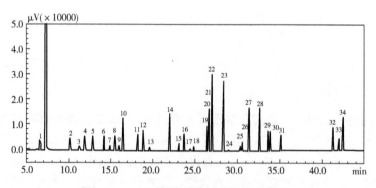

**图7-10 37种挥发性有机物标准色谱图1**

1—氯乙烯；2—1,1-二氯乙烯；3—二氯甲烷；4—反-1,2-二氯乙烯；5—1,1-二氯乙烷；6—顺-1,2-二氯乙烯；

7—氯仿；8—1,1,1-三氯乙烷；9—四氯化碳；10—1,2-二氯乙烷+苯；11—三氯乙烯；12—1,2-二氯丙烷；

13—溴二氯甲烷；14—甲苯；15—1,1,2-三氯乙烷；16—四氯乙烯；17—二溴一氯甲烷；18—1,2-二溴乙烷；

19—氯苯；20—1,1,1,2-四氯乙烷；21—乙苯；22—间二甲苯+对二甲苯；23—邻二甲苯+苯乙烯；24—溴仿；

25—1,1,2,2-四氯乙烷；26—1,2,3-三氯丙烷；27—1,3,5-三甲基苯；28—1,2,4-三甲基苯；29—1,3-二氯苯；

30—1,4-二氯苯；31—1,2-二氯苯；32—1,2,4-三氯苯；33—六氯丁二烯；34—萘

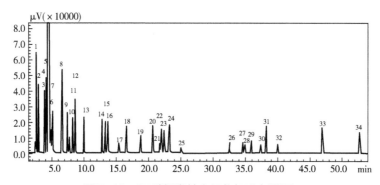

图7-11　37种挥发性有机物标准色谱图2

1—氯乙烯；2—顺-1,2-二氯乙烯+1,1-二氯乙烯；3—反-1,2-二氯乙烯；4—四氯化碳+1,1,1-三氯乙烷；

5—1,1-二氯乙烷；6—二氯甲烷；7—苯；8—三氯乙烯；9—四氯乙烯；10—氯仿；11—甲苯；

12-1,2-二氯丙烷；13—1,2-二氯乙烷；14—乙苯；15—对二甲苯；16—间二甲苯；17—溴二氯甲烷；

18—邻二甲苯；19—氯苯；20—1,3,5-三甲基苯；21—1,2-二溴乙烷；22—苯乙烯；

23—1,1,1,2-四氯乙烷；24—1,2,4-三甲基苯+1,1,2-三氯乙烷；25—二溴一氯甲烷；26—1,3-二氯苯；

27—1,4-二氯苯；28—溴仿；29—1,2,3-三氯丙烷；30—1,2-二氯苯；31—六氯丁二烯；

32—1,1,2,2-四氯乙烷；33—1,2,4-三氯苯；34—萘

目标化合物使用火焰离子化检测器检测，外标法定量。依据样品中挥发性有机物含量高低选择式（7-14）和式（7-15）分别进行计算。

低含量固体废物中挥发性有机物的含量，按照式（7-14）进行计算。

$$\omega = \frac{m_0}{m_1} \qquad (7\text{-}14)$$

式中　$\omega$——样品中目标化合物的含量，mg/kg；

$m_0$——根据校准曲线计算出目标化合物的质量，μg；

$m_1$——样品量（湿重），g。

高含量固体废物中挥发性有机物的含量，按照式（7-15）进行计算。

$$\omega = \frac{m_0 \times 10.0 \times f}{m_1 \times V_s} \qquad (7\text{-}15)$$

式中　$\omega$——样品中目标化合物的含量，mg/kg；

$m_0$——根据校准曲线计算出目标化合物的质量，μg；

10.0——提取液体积，mL；

$m_1$——样品量（湿重），g；

$V_s$——用于顶空测定的甲醇提取液体积，mL；

$f$——萃取液的稀释倍数。

挥发性有机物的浓度直接从标准曲线查得，以 μg/L 表示。测定结果小数位数和方法检出限保持一致，最多保留三位有效数字。

由于甲苯是 VOCs 的典型模拟物，因此本实验选择甲苯来开展 VOCs 的气相色谱检测实验。

## 三、实验仪器与试剂

1. 实验仪器

(1) 气相色谱仪：具有毛细柱分流/不分流进样口，可程序升温，具火焰离子化检测器（FID）。

(2) 色谱柱：柱1：60m×0.25mm，膜厚1.4m（6%腈丙苯基、94%二甲基聚硅氧烷固定液）石英毛细管柱，也可使用其他等效毛细柱。柱2：30m×0.32mm，膜厚0.25m（聚乙二醇，20mol/L）石英毛细管柱，也可使用其他等效毛细柱。

(3) 自动顶空进样器：顶空瓶（22mL）、密封垫（聚四氟乙烯/硅氧烷）、瓶盖（螺旋盖或一次性的压盖）。

(4) 天平：精度为0.01g。

(5) 采样瓶：具聚四氟乙烯-硅胶衬垫螺旋盖的60mL或200mL的螺纹棕色广口玻璃瓶。

(6) 微量注射器：5μL、10μL、25μL、100μL、500μL、1000μL。

(7) 棕色密实瓶：2mL，具聚四氟乙烯衬垫和实芯螺旋盖。

(8) 恒温水浴锅。

(9) 一般实验室常用仪器和设备。

2. 实验试剂

(1) 实验用水：二次蒸馏水或通过超纯水仪制备的水。使用前需经过空白试验，确认在目标物的保留时间区间内无干扰色谱峰出现。

(2) 甲醇（$CH_3OH$）：优级纯。通过空白试验，确认在目标物的保留时间区间内无干扰色谱峰出现。

(3) 氯化钠（NaCl）：优级纯。在马弗炉（或箱式电炉）中400℃灼烧4h，置于干燥器中冷却至室温，转移至磨口玻璃瓶中保存。

(4) 磷酸（$H_3PO_4$）：优级纯。

(5) 饱和氯化钠溶液。量取500mL实验用水，滴加几滴磷酸调节pH≤2，加入180g氯化钠，溶解并混匀。于4℃下保存，可保存6个月。

(6) 标准贮备液：$\rho=1000\sim5000$mg/L。可直接购买有证标准溶液，也可用标准物质配制。

(7) 标准使用液：$\rho=10\sim100$mg/L。目标物的标准使用液保存于密封瓶中，保存期为一个月，或参照制造商说明配制。

(8) 石英砂：分析纯。20～50目。使用前需通过检验，确认无目标化合物或目标化合物浓度低于方法检出限。

(9) 高纯氮气：纯度≥99.999%，经脱氧剂脱氧、分子筛脱水。

(10) 高纯氢气：纯度≥99.999%，经分子筛脱水。

(11) 空气：经硅胶脱水、活性炭脱有机物。

(12) 甲苯（tobuene）：分析纯。

以上所有标准溶液均以甲醇为溶剂，配制或开封后的标准溶液应置于密封瓶中，4℃以下避光保存，保存期一般为30d。使用前应恢复至室温、混匀。

## 四、实验步骤

1. 气相色谱参数设置

（1）顶空进样器。加热平衡温度 85℃；加热平衡时间 50min；取样针温度 100℃；传输线温度 110℃；传输线为经过去活处理，内径 0.32mm 的石英毛细管柱；压力化平衡时间 1min；进样时间 0.2min；拔针时间 0.4min。

（2）气相色谱仪。程序升温：40℃保持 5min，然后 8℃/min 升温至 100℃保持 5min，然后 6℃/min 升温至 200℃保持 10min；进样口温度 220℃；检测器温度 240℃；载气为氮气；柱流量设为 1.0mL/min；氢气流量 45mL/min；空气流量 450mL/min；进样方式为分流进样；分流比为 10:1。

2. 甲苯标准曲线绘制

通过将不同浓度、流量恒定的甲苯标准气体依次进样通过气相色谱仪分析，以峰面积或峰高为纵坐标，浓度（mg/L）为横坐标，根据目标物的浓度和响应值绘制标准曲线，对不同浓度下的浓度-峰面积的点进行拟合，其相关系数应大于 0.99，若不能满足要求，需更换色谱柱或采取其他措施，然后重新绘制标准曲线。

3. 甲苯含量的测定

将甲苯注入锥形瓶中，置于水浴锅设置温度 60℃，通入高纯空气吹脱甲苯形成混合气，改变水浴锅的温度和空气流量，可获得不同甲苯浓度的 VOCs 气体（分别记为 A、B、C）。分别依次进样气相色谱仪，按照仪器条件进行测定。空白试样为不含甲苯的高纯空气。将结果记录于表 7-12。

表 7-12　VOCs 的测定记录

| 项目 | 标准曲线 | | | 待测样 | | |
|---|---|---|---|---|---|---|
| | 1 | 2 | 3 | A | B | C |
| 峰面积 | | | | | | |
| 甲苯浓度/（mg/kg） | | | | | | |

## 五、注意事项

1. 每批样品分析前 24h 之内，利用标准曲线中间浓度点进行校准确认，目标化合物的测定值与标准值间的相对偏差应≤20%，否则，应重新绘制标准曲线。

2. 在分析过程中必要的器具、材料、药品等事先分析，确认其是否含有对分析测定有干扰目标物测定的物质。器具、材料可采用甲醇清洗，通过空白检验是否有干扰物质。

3. 实验产生的含挥发性有机物的危险废物应集中保管，委托有资质的单位进行处理。

## 六、数据处理

将甲苯浓度-峰面积的标准曲线绘制于图 7-12 中，并计算相关系数 $R^2$ 值。

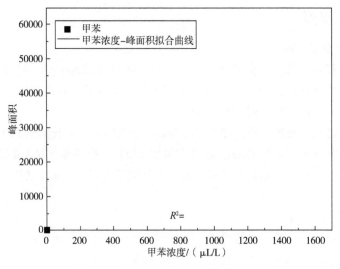

图 7-12　甲苯浓度-峰面积的标准曲线

## 七、思考题

1. 检测时为什么要设置空白样?
2. 进样后若没能检测出待测目标化合物,其原因可能有哪些?

## 实验28 ▶▶
## 有机废气中颗粒物的测定

### 一、实验目的

1. 了解 TSP 采样器的构造及工作原理。
2. 掌握重量法测定空气中总悬浮颗粒物 (TSP)、$PM_{10}$ 和 $PM_{2.5}$ 的方法。
3. 熟悉相关颗粒检测仪器的使用方法。

### 二、实验原理

TSP 指空气中粒径小于 100μm 颗粒物的总称,包含 $PM_{10}$ 和 $PM_{2.5}$。$PM_{10}$ 是指悬浮在空气中,空气动力学当量直径≤10μm 的颗粒物,也称可吸入颗粒物,可透过人的咽喉进入肺部的气管、支气管和肺泡的那部分颗粒物,具有 $d_{50}$ (质量中值直径) =10μm 和上截止点 30μm 的粒径范围。$PM_{10}$ 对人体健康影响大,是室内外环境空气质量的重要监测指标。$PM_{2.5}$ 是指悬浮在空气中,空气动力学当量直径≤2.5μm 的颗粒物,也称细颗粒物,与灰霾现象密切相关。TSP、$PM_{10}$ 和 $PM_{2.5}$ 均属于环境空气质量标准 (GB 3095—2012) 中的基本项目,对人类健康、植被生态和能见度等有着非常重要的直接和间接影响。测定时都广泛采用重量法。

1. 总悬浮颗粒物的测定

测定总悬浮颗粒物（TSP），国内外广泛采用滤膜捕集-重量法。原理为用采样动力抽取一定体积的空气通过已恒重的滤膜，则空气中粒径小于 $100\mu m$ 的悬浮颗粒物被阻留在滤膜上，根据采样前后滤膜质量之差及采样体积，即可计算 TSP。滤膜经处理后，可进行化学组分分析。

根据采样流量不同，采样分为大流量、中流量和小流量采样法。

大流量采样法使用大流量采样器连续采样 24h，按照式（7-16）计算 TSP（$mg/m^3$）：

$$TSP = \frac{m}{q_{v,s}t} \tag{7-16}$$

式中　$m$——阻留在滤膜上的总悬浮颗粒物的质量，mg；

　　　$q_{v,s}$——标准状况下的采样流量，$m^3/min$；

　　　$t$——采样时间，min。

采样器在使用期内，每月应将标准孔口流量校准器串接在采样器前，在模拟采样状态下，进行不同采样流量值的校验。依据标准孔口流量校准器的标准流量曲线值标定采样器的流量曲线，以便由采样器压力计的压差值（液位差，以 cm 为单位）直接得知采气流量。有的采样器设有流量记录器，可自动记录采气流量。

中流量采样法使用中流量采样器，所用滤膜直径比大流量采样器小，采样和测定方法同大流量采样法。

2. $PM_{10}$ 和 $PM_{2.5}$ 的测定

分别通过具有一定切割特性的采样器，首先用切割粒径 $d=10\mu m\pm1\mu m$、$s_g$（几何标准偏差）=1.5±0.1 的切割器将大颗粒物分离，然后用重量法（或 β 射线吸收法、压电晶体差频法、光散射法）测定。以恒速抽取定量体积空气，使环境空气中的 $PM_{2.5}$ 和 $PM_{10}$ 被截留在已知质量的滤膜上，根据采样前后滤膜的质量差和采样体积，计算出 $PM_{2.5}$ 和 $PM_{10}$ 的浓度。

（1）重量法

根据采样流量不同，采样分为大流量采样-重量法、中流量采样-重量法和小流量采样-重量法。

大流量采样-重量法使用安装有大粒子切割器的大流量采样器采样，将 $PM_{10}$ 收集在已恒重的滤膜上，根据采样前后滤膜质量之差及采气体积，即可计算出 $PM_{10}$ 的质量浓度。采样时，必须将采样头及入口各部件旋紧，防止空气从旁侧进入采样器而导致测定误差；采样后的滤膜需置于干燥器中平衡 24h，再称量至恒重。

中流量采样-重量法使用装有大粒子切割器的中流量采样器采样，测定方法同大流量采样-重量法。

小流量采样-重量法使用小流量采样，如我国推荐的 13L/min 采样；采样器流量计一般用皂膜流量计校准；其他同大流量采样-重量法。

（2）压电晶体差频法

这种方法以石英谐振器为测定 $PM_{10}$ 的传感器。气样经大粒子切割器剔除大颗粒物，$PM_{10}$ 进入测量气室。测量气室是由高压放电针、石英谐振器及电极构成的静电采样器，气样中的 $PM_{10}$

因高压电晕放电作用而带上负电荷，随后在带正电荷的石英谐振器电极表面放电并沉积，除尘后的气样流经参比室内的参比石英谐振器排出。因参比石英谐振器没有集尘作用，没有气样进入仪器时，两谐振器的固有振荡频率相同（$f_\mathrm{I} = f_\mathrm{II}$），其差值 $\Delta f = f_\mathrm{I} - f_\mathrm{II} = 0$，无信号送入电子处理系统，显示器读数为零。有气样进入仪器时，测量石英谐振器因集尘而质量增加，使其振荡频率（$f_\mathrm{I}$）降低，两振荡器频率之差（$\Delta f$）经信号处理系统转换成 $PM_{10}$ 质量浓度，并在数显屏幕上显示。测量石英谐振器的集尘越多，振荡频率（$f_\mathrm{II}$）降低也越多，二者之间有线性关系，即

$$\Delta f = K \Delta m \tag{7-17}$$

式中　$K$——由石英晶体特性和温度等因素决定的常数；

　　　$\Delta m$——测量石英谐振器的质量增值，即采集的 $PM_{10}$ 质量，mg。

设空气中 $PM_{10}$ 质量浓度为 $\rho(\mathrm{mg/m^3})$，采气流量为 $q_v(\mathrm{m^3/min})$，采样时间为 $t(\mathrm{min})$，则：

$$\Delta m = \rho \, q_v t \tag{7-18}$$

代入式（7-17），可得：

$$\rho = \frac{1}{K} \times \frac{\Delta f}{q_v t} \tag{7-19}$$

因实际测量时 $q_v$、$t$ 均已固定，并以 $A$ 表示常数项 $\dfrac{1}{Kq_v t}$，则式（7-19）可改写为：

$$\rho = A \Delta f \tag{7-20}$$

可见，通过测量采样后两石英谐振器的频率之差（$\Delta f$）即可得知 $PM_{10}$ 质量浓度。当用标准 $PM_{10}$ 气样校正仪器后，即可在数显屏幕上直接显示被测气样的 $PM_{10}$ 质量浓度。

为保证测量的准确度，应定期清洗石英谐振器，已有采用程序控制自动清洗的连续自动石英晶体 $PM_{10}$ 测定仪。

### （3）光散射法

该方法的测定原理基于悬浮颗粒物对光的散射作用，其散射光强度与颗粒物浓度成正比。图 7-13 为一种光散射法 $PM_{10}$ 监测仪的工作原理。由抽气风机以一定流量将空气经入口

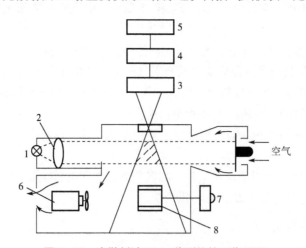

**图7-13　光散射法 $PM_{10}$ 监测仪的工作原理**

1—光源；2—透镜；3—光电转化器；4—积分电路；5—技术显示器；6—抽气电机；

7—切换控制板；8—标准散射板

大粒子切割器抽入暗室，空气中 $PM_{10}$ 在暗室中检测器的灵敏区（图中斜线部分）与由光源经透镜射出的平行光作用，产生散射光，被与入射光成直角方向的光电转换器接收，经积分、放大后，转换成每分钟的脉冲数，再用标准方法校正成质量浓度显示和记录。

## 三、实验仪器与材料

1. TSP 测定

(1) 中流量 TSP 采样器（5～30L/min）：如图 7-14 所示。

(2) 中流量孔口流量计：如图 7-15 所示。

(3) U 型管压差计：最小刻度 10Pa。

(4) X 光看片机：用于检查滤膜有无缺损。

(5) 分析天平（感量 0.1mg）。

(6) 恒温恒湿箱：箱内空气温度 15～30℃，可调，箱内空气相对湿度控制在 50%±5%。

(7) 超细玻璃纤维滤膜、滤膜保存袋（或盒）、镊子等。

图7-14　粉尘 TSP 采样器图

图7-15　孔口流量计

2. $PM_{10}$ 和 $PM_{2.5}$ 测定

(1) $PM_{10}$ 切割器、采样系统。切割粒径 $D_{a50}$=10μm±0.5μm；捕集效率的几何标准差为 $\sigma_g$=1.5μm±0.1μm。其他性能和技术指标应符合 HJ/T 93—2003 的规定。

(2) $PM_{2.5}$ 切割器、采样系统。切割粒径 $D_{a50}$=2.5μm±0.2μm；捕集效率的几何标准差为 $\sigma_g$=1.2μm±0.1μm。其他性能和技术指标应符合 HJ/T 93—2003 的规定。

(3) 使用采样器孔口流量计或其他符合本标准技术指标要求的流量计。

① 大流量流量计：量程 0.8～1.4m³/min；误差≤2%。

② 中流量流量计：量程 60～125L/min；误差≤2%。

③ 小流量流量计：量程<30L/min；误差≤2%。

(4) 滤膜：根据样品采集目的可选用玻璃纤维滤膜、石英滤膜等无机滤膜或聚氯乙烯、聚丙烯、混合纤维素等有机滤膜。滤膜对 0.3μm 标准粒子的截留效率不低于 99%。空白滤膜按测定步骤中的样品测定方法进行平衡处理至恒重，称量后，放入干燥器中备用。

(5) 恒温恒湿箱：箱内空气温度 15～30℃，可调，箱内空气相对湿度控制在(50±5)%。

(6) 分析天平（感量 0.1mg 或 0.01mg）、干燥器等。

## 四、实验步骤

### 1. TSP 测定

（1）用孔口流量计校正采样器的流量。

（2）滤膜准备：每张滤膜使用前均需认真检查，不得使用有针孔或有任何缺陷的滤膜。采样滤膜在称量前需在恒温恒湿箱平衡 24h，平衡温度取 15～30℃，相对湿度 50%±5%，并在此平衡条件下迅速称量，精确到 0.1mg，记下滤膜质量 $m_0$。称好后的滤膜平展放在滤膜保存袋（或盒）内。

（3）采样：打开采样头顶盖，取下滤膜夹，将称量过的滤膜绒面向上，平放在支持网上，放上滤膜夹，再安好采样头顶盖，开始采集有机废气试样，并记下采样时间、采样时的温度 $T$（K）、大气压力 $P$（kPa）和现场采样流量 $Q_t$（L/min）。样品采好后取下采样头，用镊子轻轻取出滤膜，绒面向里对折，放入滤膜保存袋（或盒）内，若发现滤膜有损坏，需重新采样。

（4）称量：将采样后的滤膜放在恒温恒湿箱中，在与空白滤膜相同的平衡条件下平衡 24h 后，用电子天平称量，精确到 0.1mg，记下采样后的滤膜质量 $m_1$。记录数据，按式（7-21）计算。

$$\rho_{TSP} = \frac{(m_1 - m_2) \times 106}{V_0} \tag{7-21}$$

式中　$\rho_{TSP}$——总悬浮颗粒物浓度，$mg/m^3$；

　　　　$m_1$——采样后的滤膜质量，g；

　　　　$m_0$——空白滤膜质量，g；

　　　　$V_0$——标准状态下的采样体积，L。

### 2. $PM_{10}$ 和 $PM_{2.5}$ 测定

（1）采样：将已称重的滤膜用镊子放入洁净采样夹内的滤网上，滤膜毛面应朝进气方向。将滤膜牢固压紧至不漏气。如果测定任何一次浓度，每次需更换滤膜；如测日平均浓度，样品可采集在一张滤膜上。采样结束后，用镊子取出。将有尘面两次对折，放入样品盒或纸袋，并做好采样记录。滤膜采集后，如不能立即称重，应在 4℃条件下冷藏保存。

（2）样品测定：将滤膜放在恒温恒湿箱（室）中平衡 24h，温度取 15～30℃中任何一点相对湿度控制在 45%～55% 范围内，记录平衡温度与湿度。在上述平衡条件下，用感量为 0.1mg 或 0.01mg 的分析天平称量滤膜，记录滤膜质量。同一滤膜在恒温恒湿箱（室）中相同条件下再平衡 1h 后称重。对于 $PM_{10}$ 和 $PM_{2.5}$ 颗粒物样品滤膜，两次质量之差分别小于 0.4mg 或 0.04mg 为满足恒重要求。

$PM_{10}$ 和 $PM_{2.5}$ 浓度按下式计算：

$$\rho = \frac{m_2 - m_1}{V} \times 1000 \tag{7-22}$$

式中　$\rho$——$PM_{10}$ 或 $PM_{2.5}$ 浓度，$mg/m^3$；

　　　　$m_2$——采样后滤膜的质量，g；

　　　　$m_1$——空白滤膜的质量，g；

　　　　$V$——已换算成标准状态（101.325kPa，273K）下的采样体积，$m^3$。

计算结果保留 3 位有效数字。

## 五、注意事项

1. 采集器每次使用前需进行流量校准。

2. 要经常检查采样头是否漏气。当滤膜安放正确，采样系统无漏气时，采样后滤膜上颗粒物与四周白边之间界限应清晰，若出现界限模糊，则表明应更换滤膜密封垫。

3. 滤膜使用前均需进行检查，不得有针孔或任何缺陷。滤膜称量时要消除静电的影响。

4. 取清洁滤膜若干张，在恒温恒湿箱（室），按平衡条件平衡24h，称重。每张滤膜非连续称重10次以上，求得每张滤膜的平均值为该张滤膜的原始质量。以上滤膜作为"标准滤膜"。每次称滤膜的同时，称量两张"标准滤膜"。若标准滤膜称出的质量在原始质量±5mg（大流量）或原始质量±0.5mg（中流量和小流量）范围内，则认为该批样品滤膜称量合格，数据可用。否则应检查称量条件是否符合要求并重新称量该批样品滤膜。

5. 当$PM_{10}$或$PM_{2.5}$含量很低时，采样时间不能过短，对于感量为0.1mg和0.01mg的分析天平，滤膜上颗粒物负载量应分别大于1mg和0.1mg，以减少称量误差。

6. 采样前后，滤膜称量应使用同一台分析天平。

7. 在含尘较多的空气中，应在开机前安装好带滤膜的采样头，否则尘粒进入机内影响气泵的运转和气路的清洁。

## 六、数据处理

将实验数据记录于表7-13～表7-17中。

**表7-13 空气中总悬浮颗粒物(TSP) 的测定记录**

采样温度：　　　　　采样时间：　　　　　采样气压：　　　　　测试人：

| 采样时间/min | 滤膜编号 | 现场采样流量/（L/min） | 现场采样体积/L | 标准采样体积/L | 滤膜质量/g | | | TSP 浓度/（mg/m³） |
| --- | --- | --- | --- | --- | --- | --- | --- | --- |
| | | | | | 采样前 | 采样后 | 样品质量 | |
| | | | | | | | | |
| | | | | | | | | |
| | | | | | | | | |
| | | | | | | | | |

**表7-14 $PM_{10}$采样记录**

| 滤膜编号 | 采样起始时间 | 采样终止时间 | 采样温度/K | 采样气压/kPa | 流量/（m³/min） | 备注 |
| --- | --- | --- | --- | --- | --- | --- |
| | | | | | | |

**表7-15 $PM_{10}$测定记录**

| 滤膜编号 | 采样体积（标况）/m³ | 空白滤膜质量 $m_1$/g | 采样后滤膜质量 $m_2$/g | 样品质量/g | $PM_{10}$/（mg/m³） | 备注 |
| --- | --- | --- | --- | --- | --- | --- |
| | | | | | | |

表 7-16　PM₂.₅ 采样记录

| 滤膜编号 | 采样起始时间 | 采样终止时间 | 采样温度/K | 采样气压/kPa | 流量/（m³/min） | 备注 |
|---|---|---|---|---|---|---|
|  |  |  |  |  |  |  |

表 7-17　PM₂.₅ 测定记录

| 滤膜编号 | 采样体积（标况）/m³ | 空白滤膜质量 $m_1$/g | 采样后滤膜质量 $m_2$/g | 样品质量/g | PM₂.₅/（mg/m³） | 备注 |
|---|---|---|---|---|---|---|
|  |  |  |  |  |  |  |

## 七、思考题

1. 简述 PM₁₀、PM₂.₅ 和总悬浮颗粒物之间的关系。
2. 空气中 PM₁₀ 和 PM₂.₅ 的测定有自动和手动两种方法，简述自动法的原理。

# 7.2　有机废气中污染物的脱除技术

有机废气的净化，就是将有机废气通过一定的方式进行处理，将其中的有机组分捕集或转化而去除，从而使气体得到净化。根据废气中成分的不同，有机废气的净化技术主要包括脱硫、脱氮、吸附净化和催化净化等。

## 实验29 ▶▶

## 有机废气中 SO$_x$ 脱除实验

### 一、实验目的

1. 理解脱硫的原理与特点。
2. 熟悉半干法脱硫的基本工艺流程。
3. 熟悉实验相关的指标检测仪器的使用方法。

### 二、实验原理

SO$_x$ 主要有二氧化硫和三氧化硫，都是呈酸性的气体，其中二氧化硫主要是燃烧煤所产生的大气污染物，易溶于水，在一定条件下可氧化为三氧化硫，当二氧化硫溶于水中，会形成亚硫酸（酸雨的主要成分）。因此 SO$_2$ 是大气污染、环境酸化的主要污染物。化石燃料的燃烧和工业废气的排放物中均含有大量 SO$_x$。采用燃料脱硫、排烟脱硫等技术来降低或消除硫氧化物（主要是 SO$_2$）的排放，对保护环境具有重要意义。

烟气脱硫是控制烟气中二氧化硫的重要手段之一。烟气脱硫可分为湿法、干法和半干法三种。湿法烟气脱硫的基本过程是用脱硫溶液洗涤烟气，气液传质过程一般较气固快，设备相对较小，效率较高（约90%），运行可靠。其主要缺点是：工艺复杂，占地面积大，投资费用高，净化后的烟温较低，需对其再加热，以利排放后扩散，因此耗能多，不经济，仅适用于带高负荷、燃高硫煤的大型机组。另外还存在废水的后处理问题。

干法烟气脱硫是指无论加入的脱硫剂是干态还是湿态，脱硫的最终反应产物都是干态。与湿法工艺相比，干法烟气脱硫具有投资费用低、脱硫产物呈干态、无须装设除雾器、设备不易腐蚀、不易发生结垢及堵塞等优点。最主要的干式烟气脱硫技术有喷雾干燥法、炉内喷钙法和循环流化床脱硫法三种，其中最引人注目的是喷雾干燥法（简称SDA法），它是用石灰浆作脱硫剂，用雾化器将石灰浆水溶液喷入吸收塔内，石灰浆以极细的雾滴与烟气中的$SO_2$接触并发生化学反应，生成亚硫酸钙和硫酸钙。利用烟气中的热量使雾滴的水分汽化，干燥后的粉末随脱硫后的烟气带走，用除尘器捕集。脱硫效率为70%～90%；当Ca/S=1.5时，脱硫率可达85%。喷雾干燥加布袋除尘器，脱硫率可达90%以上，煤含硫量允许达3%，可与湿法相竞争。

喷雾干燥脱硫是一种在湿状态下脱硫、在干状态下处理脱硫产物的方法，因此也称半干法。其主要特点是：因吸收塔出来的废料是干的，与湿式石灰石法相比，省去了庞大的废料处理系统，使工艺流程大为简化，设备投资比湿式节省10%～15%左右，运行费用低，能耗低，占地面积小且干燥后的废渣易于处理。近年来，喷雾干燥还采用固体内循环利用系统和使用添加剂，提高了吸收剂的利用率，因而得到了迅速推广，已成为继湿法脱硫技术之后的应用最为广泛的脱硫工艺。

## 三、实验设备与流程

实验装置图及其流程图见图7-16与图7-17。配气采用含二氧化硫烟气，由纯二氧化硫和压缩空气配制而成，其中高压空气既模拟烟道气，又为反应提供动力。

**图7-16 喷雾干燥法脱硫实验装置图**

1—喷雾干燥器；2—空气加热器；3—料液储槽；4—泵；5—雾化器；

6—旋风分离器；7—袋滤器；8—引风机

实验平台的主体设备与仪器如下：

1. 喷雾干燥塔

主体实验装置喷雾干燥塔由钢板卷制而成，外敷保温层。为使气体在塔内均匀分布，上部设置了气体分布器。实验中液体以切向方式导入，作切向顺流式雾化。喷雾干燥塔体上设有一视镜和照明灯，以观察喷雾状况与是否有粘壁现象。

2. 雾化器

选用离心式雾化器，用压缩空气作为雾化介质。

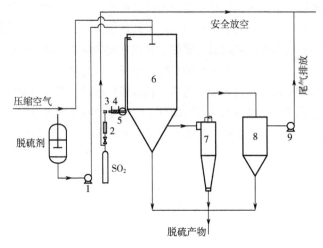

图7-17　实验流程图

1—蠕动泵；2—转子流量计；3—孔板流量计；4—电加热器；5—鼓风机；6—喷雾干燥塔；

7—旋风分离器；8—袋滤器；9—引风机

3. 气体成分分析仪

进气中 $SO_2$ 浓度用质量流量计（D0707B/2M 型 MFC，北京建中机器厂）进行控制，出口气体中 $SO_2$ 浓度用在线气体成分分析仪进行测定，其测定精度为 $\pm 1 \times 10^{-6}$。

此外，系统中冷气温度用玻璃水银温度计测定。进、出塔气体温度的用热电偶测定，并由控制柜显示。


## 四、实验步骤

1. 按图 7-17 的流程连接好各装置。

2. 开启喷雾干燥塔，使其雾化器处于工作状态。

3. 启动鼓风机，将空气鼓入喷雾干燥塔，同时启动加热器，对鼓入的空气进行加热，以使塔内温度升高。

4. 待塔内温度升高至设定温度后，启动蠕动泵，将配制好的脱硫剂打入喷雾干燥塔，直至塔内温度稳定在设定温度。

5. 以模拟烟气替换空气，并用转子流量计控制一定的流量，使含 $SO_2$ 气体连续进入喷雾干燥塔，通过在线检测装置测定并记录进、出塔气体中 $SO_2$ 浓度，计算脱硫效率。

6. 分别改变烟气流量、脱硫剂流量、塔内温度，分别记录进、出塔气体中 $SO_2$ 浓度，实验数据记入表 7-18。由此计算脱硫效率，以考察工艺条件对脱硫效率的影响。

## 五、注意事项

实验时应注意防止发生气体泄漏，确保实验室通风良好。

## 六、数据处理

表 7-18　实验数据记录表

| 实验次数 | 脱硫剂流量/（mL/min） | 气体流量/（mL/min） | 操作温度/℃ | 进塔气体浓度/（mol/mL） | 出塔气体浓度/（mol/mL） | 脱硫效率 $\eta$/% |
|---|---|---|---|---|---|---|
| 1 | | | | | | |
| 2 | | | | | | |
| 3 | | | | | | |
| 4 | | | | | | |

## 七、思考题

不同脱硫工艺的优缺点有哪些?

## 实验30 ▸▸
# 有机废气中 NO$_x$ 脱除实验

## 一、实验目的

1. 理解选择性催化还原法脱硝原理。
2. 熟悉选择性催化还原法脱硝的基本工艺流程。
3. 熟悉实验相关的指标检测仪器的使用方法。

## 二、实验原理

氮氧化物是主要的大气污染物之一，包括一氧化氮、二氧化氮、一氧化二氮、三氧化二氮、五氧化二氮等多种氮的氧化物。近年来，我国总颗粒物排放量基本得到控制，二氧化硫排放量有所下降，但氮氧化物排放量随着我国能源消费和机动车保有量的快速增长而迅速上升。由于 21 世纪初氮氧化物排放的快速增长加剧了区域酸雨的恶化趋势，部分抵消了我国在二氧化硫减排方面所付出的巨大努力。随着国民经济发展、人口增长和城市化进程的加快，中国氮氧化物排放量将继续增长。氮氧化物排放量在 2020 年达到了 3000 万吨，给我国大气环境带来巨大威胁。因此，采用各种技术去除氮氧化物十分重要。

催化转化法是利用不同还原剂，在一定的温度和催化剂作用下，将 NO$_2$ 还原为无害的

$N_2$和$H_2O$。按还原剂是否与空气中的$O_2$发生反应分为选择性催化剂还原法（SCR）和非选择性还原法两类。非选择性催化还原法是在一定温度和催化剂（一般为贵金属Pt、Pd等）作用下，废气中的$NO_2$和NO被还原剂（$H_2$、$CO_2$、$CH_4$及其他低分子碳氢化合物等燃料气）还原为$N_2$，同时还原剂还与废气中$O_2$作用生成$H_2O$和$CO_2$。反应过程放出大量热能。该法燃料耗量大，需贵金属作催化剂，还需设置热回收装置，投资大，国内未见使用，国外也逐渐被淘汰，多改用选择性催化还原法。选择性催化还原法（SCR）用$NH_3$做还原剂，加入氨至烟气中，$NO_x$在300～400℃的催化剂中分解为$N_2$和$H_2O$。因没有副产物，并且装置结构简单，所以该法适用于处理大气量的烟气。

以氨作还原剂，通常在空气预热器的上游注入含$NO_x$的烟气。此处烟气温度约为290～400℃，是还原反应的最佳温度。在含有催化剂的反应器内$NO_x$被选择性还原为$N_2$和$H_2O$，见式（7-23）。与氨有关的氧化反应还有式（7-24）所列这些过程。

$$\left.\begin{array}{l} 4NH_3 + 4NO + O_2 \longrightarrow 4N_2 + 6H_2O \\ 8NH_3 + 6NO_2 \longrightarrow 7N_2 + 12H_2O \end{array}\right\} \tag{7-23}$$

$$\left.\begin{array}{l} 4NH_3 + 5O_2 \longrightarrow 4NO + 6H_2O \\ 4NH_3 + 3O_2 \longrightarrow 2N_2 + 6H_2O \end{array}\right\} \tag{7-24}$$

运行中，通常取$NH_3$：$NO_x$（摩尔比）为0.81～0.82，$NO_x$的去除率约为80%。温度对还原效率有显著影响，提高温度能改进$NO_x$的还原，但当温度进一步提高，氧化反应变得越来越快，从而导致$NO_x$的产生。

在脱氨装置中催化剂大多采用多孔结构的钛系氧化物，烟气通过催化剂表面，由扩散作用进入催化剂的细孔中，使$NO_x$的分解反应得以进行。催化剂有许多种形状，如粒状、板状和格状，而主要采用板状或格状以防止烟尘堵塞。

SCR系统对$NO_x$的转化率为60%～90%。压力损失和催化器空间气速的选择是SCR系统设计的关键。催化转化器的压力损失介于0.5～0.7kPa，取决于催化剂的几何形状，例如平板式（具有较低的压力损失）或蜂窝状。当$NO_x$的转化率为60%～90%时，空间气速可选为2200～7000$h^{-1}$。由于催化剂的费用在SCR系统的总费用中占较大比例，从经济的角度出发，总希望有较大的空间气速。

催化剂失活和烟气中残留的氨是与SCR工艺操作相关的两个关键因素，长期操作过程中催化剂"毒物"的积累是失活的主要原因，降低烟气的含尘量可有效地延长催化剂的寿命。由于二氧化硫的存在，所有未反应$NH_3$都将转化为硫酸盐。式（7-25）是一种可能的反应路径。

$$2NH_3(g) + SO_3(g) + H_2O(g) \longrightarrow (NH_4)_2SO_4(g) \tag{7-25}$$

生成的硫酸铵为亚微米级的微粒，易附着在催化转化剂内或者下游的空气预热器以及引风机中。随着SCR系统运行时间的增加，催化剂活性逐渐丧失，烟气中残留的氨或者"氨泄漏"也将增加。根据日本和欧洲运行的经验，最大允许的氨泄漏约为$5 \times 10^{-6}$（体积分数）。

## 三、实验设备与仪器

工艺流程如图7-18所示，利用高压钢瓶气配制成模拟适当配比的$NO_x$和$NH_3$，经缓冲罐充分混合和加热器加热到一定温度，进入催化反应器进行反应，净化后的气体经冷却器冷却后排出。冷却器为金属水冷蛇形管，通流气体与冷却水无接触。加热器可在管道内设置电加热管或直接连接管式炉作为加热器。催化反应器内装填二氧化钛为载体的五氧化二钒催化剂。

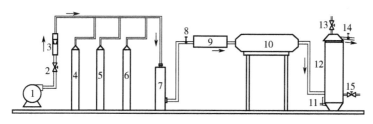

**图7-18　催化转化法去除氮氧化物工艺流程图**

1—鼓风机；2—阀门；3—流量计；4—NO 气体钢瓶；5—NO₂ 气体钢瓶；6—NH₃ 气体钢瓶；7—缓冲罐；

8—进口气体取样点；9—加热器；10—催化转化反应器；11—净化气体冷凝水取样阀；12—冷却器；

13—冷却水进水阀；14—净化器取样点；15—冷却水排水阀

## 四、实验步骤

1. 打开进气阀门 2，启动鼓风机；调节气体流量计控制进气流量。

2. 打开加热器，调节温度为 200℃；打开冷却水进水和排水阀。

3. 待加热器温度升到 200℃后，打开 NO 和 NO₂ 钢瓶，调节 NO 和 NO₂ 浓度约为 200mg/m³，打开 NH₃ 钢瓶，调节 NH₃ 浓度约为 154mg/m³。

4. 3min 后取净化气体样分析 NO、NO₂ 和 NH₃ 浓度。

5. 调节加热器温度为 250℃；待加热器温度升高到 250℃，3min 后取净化气体样分析 NO、NO₂ 和 NH₃ 浓度；取冷凝水测 pH 值。

6. 分别调节加热器温度为 300℃、350℃、400℃、450℃、500℃重复步骤 5 的操作。

7. 最后一次样品测定结束后，关闭 NO、NO₂ 和 NH₃ 钢瓶微调阀和总阀。

8. 关闭加热器；关闭鼓风机；关闭冷却水进、出水阀。

9. 整理实验室内务，切断所有带电设备电源。

## 五、注意事项

1. 实验中应该严格防止氮氧化物和氨气泄漏。

2. 钢瓶操作时应缓慢开启并仔细查漏，如果有泄漏现象，应快速关闭钢瓶总阀。

3. 实验一段时间以后，当去除率数据相差较大时，在排除其他原因基础上，应对催化剂进行更换或再生。

## 六、数据处理

1. 按表 7-19 记录实验数据并处理。

表 7-19  催化转化法去除氮氧化物实验记录

相对湿度_____  流量_____  NH₃:NOₓ_____

| 加热器温度/℃ | NO/(mg/m³) | | NO₂/(mg/m³) | | NH₃/(mg/m³) | | 冷凝水 |
|---|---|---|---|---|---|---|---|
| | 进气 | 出气 | 进气 | 出气 | 进气 | 出气 | pH 值 |
| 200 | | | | | | | |
| 250 | | | | | | | |
| 300 | | | | | | | |
| 350 | | | | | | | |
| 400 | | | | | | | |
| 450 | | | | | | | |
| 500 | | | | | | | |

2. 把上表浓度数据换算成摩尔浓度(mmol/m³)，依据式（7-26）计算氮氧化物去除率：

$$\eta = \frac{c_t - c_0}{c_0} \times 100\% \tag{7-26}$$

式中  $\eta$——NO、NO₂ 或总氮氧化物去除率；

$c_0$——NO、NO₂ 或总氮氧化物入口浓度，mmol/m³；

$c_t$——$t$ 时刻所测得 NO、NO₂ 或总氮氧化物出口浓度，mmol/m³。

3. 计算不同温度下 NH₃ 的利用率。
4. 绘制温度-去除率曲线。
5. 绘制温度-氨利用率曲线。

## 七、思考题

1. 在实验温度范围内，分析氮氧化物去除水和不同温度的关系。
2. 氨的利用率和氮氧化物去除率有什么关系？
3. 氨的理论投加量如何计算？
4. 常用氮氧化物催化转化的催化剂有哪些？
5. 分析进、出口气体取样点的合理取样位置。

## 实验31 ▶▶

# 有机废气的吸附脱除 VOCs 实验

## 一、实验目的

1. 理解有机废气活性炭吸附脱除的流程与原理。
2. 熟悉活性炭吸附剂的特性和在有机废气吸附脱除过程的应用。

3. 熟悉活性炭吸附实验过程中相关仪器设备的操作。

## 二、实验原理

在涂料、印刷、喷漆、电缆等行业的生产过程中排出含有多种不同浓度的有机废气，包括各种有机化合物，如卤代烃、芳烃、醇、酯类、酮、醛、石蜡、烯烃、醚、烷烃等，被公认为大气污染物的主要物质。这些有机废气中的挥发性有机化合物，不仅对环境有害，会造成臭氧层破坏和光化学烟雾，而且极大危害了人的身体健康。

物质内部的分子所受的力是对称的，故彼此处于平衡。但处于界面处的分子的力场是不饱和的，液体或固体物质的表面可以吸附这种处于界面的分子，这种一种或几种物质在另一物质表面积蓄过程的现象称为吸附。可将吸附分为交换吸附、物理吸附和化学吸附三种基本类型。交换吸附是指溶质的离子由于静电引力作用聚集在吸附剂表面的带电点上，并置换出原先固定在这些带电点上的其他离子。物理吸附是指溶质与吸附剂之间由于分子间作用力（范德华力）而产生的吸附。化学吸附是指溶质与吸附剂发生化学反应，形成牢固的吸附化学键和表面配合物，吸附质分子不能在表面自由移动。

活性炭吸附法治理有机废气是工业上较为常用的方法，这种方法常用来处理浓度较低的有机废气，对于高浓度的有机废气则需要考虑活性炭吸附剂的容量以及再生循环使用的经济效果。

## 三、实验设备及试剂

1. 实验设备

实验装置及流程如图 7-19 所示。实验采用内部装有活性炭的 U 型管作为吸附器。实验装置分为两部分，配气部分通过减压阀和稳压阀控制空气的流入，吹扫电热恒温水浴锅中的甲苯，使其以气体形式逸出。逸出的甲苯气体与空气混合后通过吸附部分，吸附器中装有活性炭作为吸附剂，吸附后的气体通过集气袋进行收集。在吸附器前后设置两个取样点，在实验部分分别通过气袋与气相色谱仪连接，以测定吸附进出口气体的含甲苯浓度。

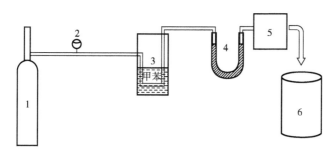

图7-19  有机废气吸附净化流程

1—气瓶；2—质量流量计；3—洗气瓶；4—U 型管（内部装有活性炭）；5—气袋收集；6—高锰酸钾溶液

2. 实验试剂与耗材

① 试剂：活性炭（果壳型，粒径 200 目）、甲苯（分析纯）和高锰酸钾溶液。

② 耗材：压缩空气、高纯氮气、洗气瓶、U 型管（内部装有活性炭）和集气袋等。

## 四、实验步骤

**1. 吸附剂的称量**

按组分别称取 10g、15g、20g、25g、30g 的活性炭，装入 U 型管内。按照实验装置进行连接。

**2. 系统气密性检查**

调节进气阀使得系统的增加为 0.15MPa，关闭进气阀，使系统密封，观察压力计，若压力在 10min 内保存不变（不下降），则说明系统气密性良好。

**3. 气体流量和 VOCs 浓度的确定**

将装有液相甲苯的容器置于冰水混合物中，调节一路空气进气阀，引入高纯空气对其进行吹扫，通过调节吹扫气体的流量来控制甲苯的浓度。调节另一路空气进气阀进行补偿。在进气口取样阀取样，分析混合气中的甲苯浓度，在甲苯浓度达到 1000μL/L 时稳定气阀。使混合气的总流量控制在 100mL/min，混合气中甲苯浓度稳定在 1000μL/L。通过集气袋将气体收集。将收集到的气体通过气相色谱仪进行检测，将甲苯浓度记为 $c_0$。

4. 运行实验装置，使甲苯在 U 型管中进行吸附，运行 10min 后，在吸附器出口用集气袋收集。将收集到的气体通过气相色谱仪进行检测，此后每过 10min 中取样，每次取三个平行样，取平均值。将此时甲苯浓度记为 $c_1$。

整个系统对甲苯的净化效率 $n=\dfrac{c_1}{c_0}\times100\%$

5. 将实验产生的多余废气通过高锰酸钾溶液吸收，可将活性炭放入烘箱中，在 100℃下烘 1～2h，为下次实验备用。

## 五、注意事项

1. 用高锰酸钾溶液吸收排放的尾气。
2. 试验结束后，将吸附器中的活性炭吸附剂倒出收集，置于实验室危废收集桶内。

## 六、数据处理

1. 将实验数据记录在表 7-20 中。

### 表 7-20　实验数据记录表

室温：_____℃　　　　　　活性炭质量：_____g

甲苯浓度：_____μL/L　　　气体流量：_____mL/min

| 组号 | 吸附时间 /min | 吸附前甲苯浓度（$c_0$） /（μL/L） | 吸附后甲苯浓度（$c_1$） /（μL/L） | 脱附效率/% |
|---|---|---|---|---|
| 1 | 10 | | | |
| 2 | 20 | | | |
| 3 | 30 | | | |
| 4 | 40 | | | |

2. 根据实验结果，绘制出净化效率随时间的变化曲线。

3. 根据不同的活性炭吸附剂的质量，绘制相同吸附时间条件下的活性炭质量和甲苯净化效率之间的变化曲线。

## 七、思考题

1. 影响吸附效率的因素，除了实验中的脱附时间和活性炭质量，还与哪些因素有哪些？
2. 推测在实验中，气体流量和甲苯浓度的变化，会对活性炭的吸附容量值产生什么样的影响？

# 实验32 ▶▶
# 有机废气的催化燃烧 VOCs 实验

## 一、实验目的

1. 理解催化燃烧法净化挥发性有机废气的原理和特点。
2. 掌握催化燃烧法的工艺流程和催化燃烧装置特点。
3. 通过实验测定掌握催化燃烧法的样品分析和数据处理的技术。
4. 熟悉催化剂活性的测定方法，了解催化性能评价方法。

## 二、实验原理

实际工业生产过程中会排放含有多种烃类化合物的废气，其中多数为含苯、甲苯、二甲苯为主的苯系物。这些有机废气不仅对大气环境造成严重污染，且极大危害了人的身体健康。催化燃烧法净化有机废气可在较低的温度下进行，造成的能耗较小，且不产生二次污染，此外，该方法显示出在温和的操作条件下去除不同种类有机废气的高通用性。因此，催化燃烧法被广泛应用于消除有机废气应用。

催化燃烧过程是在催化燃烧装置中进行的。有机废气先通过热交换器预热到200～400℃，再进入燃烧室，通过催化剂床时碳氢化合物的分子和混合气体中的氧分子分别被吸附在催化剂的表面而活化。由于催化剂的加入大大降低了有机废气分子的氧化反应活化能，有机废气在较低的温度下迅速被催化燃烧，分解成二氧化碳和水。

甲苯作为典型的苯系物，在催化剂的作用下，易发生深度燃烧/氧化，其反应方程式如下：

$$C_7H_8 + 9O_2 =\!=\!= 7CO_2 + 4H_2O \tag{7-27}$$

在应用催化燃烧法时，催化剂的活性优劣将直接影响催化燃烧的效果。因此催化剂对有机废气中有机污染物的催化活性，将是能否实现该法的决定因素之一。钙钛矿型氧化物催化剂具有良好的热稳定性和化学稳定性，成本低，且具有优异的组分灵活性，使其在催化燃烧有机废气过程方面，可以作为一种性能优异的催化剂，且不同的钙钛矿型催化剂对不同有机废气的催化效果不同。

## 三、实验设备与材料

1. 实验设备

实验选取甲苯作为典型的有机废气中的有机污染物，采用催化燃烧法进行降解实验，通过如图 7-20 所示的微型固定床催化燃烧反应装置进行评价。微型固定床催化燃烧反应装置包含两个部分：固定床催化反应器和气相色谱分析仪。固定床催化反应器主要为程序升温管式炉，内部石英管装载催化剂，可对通过的有机气体进行实时控温；气相色谱仪对催化燃烧后的产物进行在线检测分析。质量流量计可对原料气体的组分和流速进行控制。

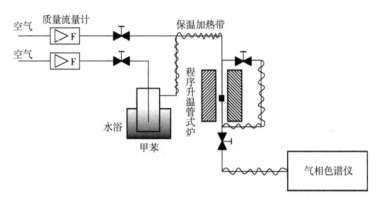

图 7-20　催化燃烧法净化有机废气中的有机污染物装置流程

2. 实验材料

苯（分析纯），LaCoO$_3$、LaFeO$_3$、LaNiO$_3$ 钙钛矿型催化剂（40～60 目），石英砂（40～60 目）等。

## 四、实验步骤

1. 催化剂的称取与装量

称取 200mg 40～60 目的钙钛矿型催化剂，称取 400mg 的石英砂，将两者混合均匀后装入内径 10mm 的石英管中。

2. 系统的气密性检查

催化床层两端使用耐高温的石英棉进行封装，固定催化床层于管式炉的恒温区域内，将热电偶的探针置于催化床层区域旁，不与石英管接触，以此测量催化床层的实际温度。调节进气阀使得系统的压力为 0.15MPa，关闭进气阀，使系统密封，观察压力计，若压力在10min 内保持不变（不下降），则说明系统气密性良好。

3. 气体流量和气体浓度的调节

将装有液相甲苯的容器置于冰水混合物中，调节一路空气进气阀，引入高纯空气对其进行吹扫，通过调节吹扫气体的流量来控制甲苯的浓度。调节另一路空气进气阀进行补偿。在进气口取样阀取样，分析混合气中的甲苯浓度，在甲苯浓度达到 1000μL/L 时稳定气阀。使混合气的总流量控制在 100mL/min，混合气中甲苯浓度稳定在 1000μL/L。甲苯浓度通过气相色谱仪进行分析。

4. 催化燃烧装置运行

打开温度控制仪的开关，运行升温程序，并通过气相色谱在线监测甲苯的浓度。反应器首先升温至 200℃，并在该温度下恒温 90min，以此平衡催化剂表面的吸附作用带来的影响。之后，控制反应温度在 200~380℃之间的范围内，每升高一次温度，测定一次浓度值。

5. 数据采集

当温度控制仪达到指定温度时，以 5℃/min 的升温速率，将反应器从 200℃加热至甲苯完全转化，间隔 20℃取一个测试点，每个温度点在恒温 30min 后进行取样，利用气相色谱仪测定甲苯的进出口浓度，确定催化转化率，直至出口甲苯浓度低于检测限。每个温度点取样三次，检测该温度下甲苯浓度，取其平均值并计算转化率。通过计算可得出温度与甲苯转化率之间的关系。

## 五、注意事项

1. 实验开始前，应检查设备系统状况和全部电气连接线有无异常，管线的连接是否到位，气瓶压力是否正常等，全部正常方可开始操作。

2. 实验结束时先关闭气瓶阀，再依次关闭（即旋松）减压阀和程序升温管式炉的电源。

## 六、数据处理

1. 将实验数据记录在表 7-21 中。

表 7-21　实验数据记录

室温：_____℃　　　气压：_____MPa　　　催化剂样品：_____g

| 组数 | 反应温度/℃ | 甲苯浓度/（μL/L） | | 转化率/% |
| --- | --- | --- | --- | --- |
| | | 反应前 | 反应后 | |
| 1 | 200 | | | |
| 2 | 220 | | | |
| 3 | 240 | | | |
| 4 | 260 | | | |
| 5 | 280 | | | |
| 6 | 300 | | | |
| 7 | 320 | | | |
| 8 | 340 | | | |
| 9 | 360 | | | |

| 组数 | 反应温度/℃ | 甲苯浓度/（μL/L） | | 转化率/% |
| --- | --- | --- | --- | --- |
| | | 反应前 | 反应后 | |
| 10 | 380 | | | |
| 11 | 400 | | | |

2. 绘制反应温度与甲苯转化率的关系曲线，并从图上读取催化剂的起燃温度 $T_{50}$（转化率为 50% 的反应温度）和 $T_{90}$（转化率为 90% 的反应温度）

3. 分别绘制出 $LaCoO_3$、$LaFeO_3$、$LaNiO_3$ 钙钛矿型催化转化甲苯的曲线。

## 七、思考题

1. 对实验结果进行分析，评价实验中不同钙钛矿型催化剂的催化活性。
2. 对实验结果中的误差及实验中出现的问题进行分析讨论。

## 参考文献

[1]廖传华，王银峰，高豪杰，等. 环境能源工程[M]. 北京：化学工业出版社，2021.

[2]张鸿郭，庞博，陈镇新. 固体废物处理与资源化实验教程[M]. 北京：北京理工大学出版社，2018.

[3]马俊伟. 固体废物处理处置与资源化实验与实习教程[M]. 北京：北京师范大学出版社，2018.

[4]梁继东，高宁博，张瑜. 固体废物处理、处置与资源化实验教程[M]. 西安：西安交通大学出版社，2018.

[5]谢云成，徐强. 固体废弃物处置与资源化实验教程[M]. 北京：化学工业出版社，2017.

[6]廖传华，耿文华，张双伟. 燃烧技术、设备与工业应用[M]. 北京：化学工业出版社，2018.

[7]廖传华，李海霞，尤靖辉. 传热技术、设备与工业应用[M]. 北京：化学工业出版社，2018.

[8]廖传华，周玲，朱美红. 输送技术、设备与工业应用[M]. 北京：化学工业出版社，2018.

[9]廖传华，王重庆，梁荣. 反应过程、设备与工业应用[M]. 北京：化学工业出版社，2018.

[10]廖传华，江晖，黄诚. 分离技术、设备与工业应用[M]. 北京：化学工业出版社，2018.

[11]汪军，马其良，张振东. 工程燃烧学[M]. 北京：中国电力出版社，2008.

[12]宁平. 固体废物处理与处置[M]. 北京：高等教育出版社，2007.

[13]赵由才，牛冬杰，柴晓利. 固体废物处理与资源化[M]. 2版. 北京：化学工业出版社，2012.

[14]吴俊奇，李燕城，马龙友. 水处理实验设计与技术[M]. 4版. 北京：中国建筑工业出版社，2015.

[15]廖传华，朱廷风，代国俊，等. 化学法水处理过程与设备[M]. 北京：化学工业出版社，2016.

[16]黄君礼，吴松明. 水分析化学[M]. 4版. 北京：中国建筑工业出版社，2013.

[17]王英杰，朱国军，赖惠珍. 污水分析与检测[M]. 北京：化学工业出版社，2014.

[18]奚旦立. 环境监测[M]. 5版. 北京：高等教育出版社，2019.

[19]郑力燕，王佳楠，王喆. 环境监测实验教程[M]. 天津：南开大学出版社，2014.

[20]岳梅，马明海，陈世勇. 环境监测实验[M]. 2版. 合肥：合肥工业大学出版社，2014.

[21]高廷耀，顾国维，周琪. 水污染控制工程[M]. 4版. 北京：高等教育出版社，2014.

[22]郝吉明，马广大，王书肖. 大气污染控制工程[M]. 4版. 北京：高等教育出版社，2021.

[23]许宁，闵敏. 大气污染控制工程实验[M]. 北京：化学工业出版社，2018.

[24]陆建刚. 大气污染控制工程实验[M]. 2版. 北京：化学工业出版社，2016.

[25]雷中方，刘翔. 环境工程学实验[M]. 北京：化学工业出版社，2007.

[26]张惠灵，龚洁. 环境工程综合实验指导书[M]. 武汉：华中科技大学出版社，2019.

[27]廖丽芳，陆志艳. 能源与动力工程专业实验指导教程[M]. 上海：华东理工大学出版社，2017.

[28]环境保护部. 环境空气 总烃、甲烷和非甲烷总烃的测定 直接进样气相色谱法：HJ 604—2017[S].

[29]环境保护部. 固体废物 挥发性有机物的测定 顶空-气相色谱法：HJ 760—2015[S].